电力安全监督
工作手册

张瑞兵　盛于蓝　郭文华　编著

中国电力出版社

CHINA ELECTRIC POWER PRESS

内 容 提 要

本书共九章，第一章是安全生产管理体制机制与方法；第二章是安全基础工作，系统介绍了安全目标、安全生产责任制、依法合规、安全生产制度管理、安全监督机构设置及安全监督人员配置，班组安全建设；第三章是日常工作，系统介绍了主要日常工作、安全监督例行工作、安全生产信息报告、反违章管理、隐患排查治理、安全培训、票证管理、应急管理；第四章是重点工作，系统介绍了高风险作业、发包工程安全管理、安全风险评估、危险化学品重大危险源安全监督；第五章是专项工作，系统介绍了特种设备安全监督、起重设备安全管理、危险化学品、液氨站；第六章是主要安全风险防控，系统介绍了高处作业、起重作业、物体打击、触电（电气作业）、高温作业、机械作业、动火作业；第七章是消防，系统介绍了消防管理、消防日常工作检查表；第八章是职业卫生，系统介绍了职业卫生管理重点、职业卫生检查表；第九章是监督方法，系统介绍了事故管理、约谈制、督办制、结案制。另外，本书最后附有安全生产责任书、员工安全承诺书、班组安全台账等附录。

本书主要介绍企业安全管理必须坚持的理念、体制机制和管理方法与管理流程，重点是明确安全管理要管哪些事，谁来管，怎么管（工作程序），针对的读者是企业管理人员，包括高级领导、中层干部和一线管理人员。

图书在版编目（CIP）数据

电力安全监督工作手册/张瑞兵，盛于蓝，郭文华编著. —北京：中国电力出版社，2018.5
（2020.1重印）

ISBN 978-7-5198-1928-6

Ⅰ. ①电⋯　Ⅱ. ①张⋯　②盛⋯　③郭⋯　Ⅲ. ①电力工业–安全生产–监管制度–手册
Ⅳ. ①TM08–62

中国版本图书馆 CIP 数据核字（2018）第 068446 号

出版发行：中国电力出版社
地　　址：北京市东城区北京站西街 19 号（邮政编码 100005）
网　　址：http://www.cepp.sgcc.com.cn
责任编辑：宋红梅
责任校对：王开云
装帧设计：郝晓燕
责任印制：石　雷

印　　刷：三河市百盛印装有限公司
版　　次：2018 年 5 月第一版
印　　次：2020 年 1 月北京第三次印刷
开　　本：710 毫米×1000 毫米　16 开本
印　　张：13
字　　数：231 千字
印　　数：4001—5500 册
定　　价：49.00 元

前　言

　　习总书记指出："各级党委和政府、各级领导干部要牢固树立安全发展理念，始终把人民群众生命安全放在第一位，牢牢树立发展不能以牺牲人的生命为代价这个观念。这个观念一定要非常明确、非常强烈、非常坚定。"并强调"这必须作为一条不可逾越的红线。""不能要带血的生产总值。"总书记的重要论述深刻阐释了安全发展的重要性，告诫我们必须始终坚持以人民为中心，坚持生命至上、安全第一，切实把安全作为发展的前提、基础和保障。安全生产是企业生存的基础，是发展的基石，其重要性不言而喻。但在企业如何落实，是否能够落实仍然是重点和难点。

　　近年来，随着电力工业快速发展，不论电力建设还是电力运营人才，都没有充足的储备；有经验、负责任、善管理的人员比较缺乏。随着电力安全生产管理模式不断变化，委托运营、检修外包、脱硫脱硝特许经营等形式也给安全生产带来诸多不确定性。随着科技发展，新材料、新技术的引用，液氨等危险化学品的引入，电力企业生产经营的安全风险因素不断增加。

　　如何解决这些问题，习总书记给出了答案。总书记指出："坚持最严格的安全生产制度，什么是最严格？就是要落实责任、要把安全责任落实到岗位、落实到人头"。本书从树立科学发展、安全发展的理念，建立符合本企业特点的安全管理体制机制，推行切实有效的安全管理方法等方面，全方位对电力企业安全生产监督管理进行总结。同时，对高风险作业的风险、防范措施、管理要求等做了梳理和提炼，指导作用很强，既可以作为安全监督管理案头书进行查阅，也可以作为安全培训教材使用。

编　者

2018.3.20

目 录

第一章 安全生产管理体制机制与方法

生产活动中总会伴随着安全风险，安全风险是潜在的、随时存在的，只有规范安全生产管理，有效控制安全生产风险，才能搞好安全生产，防止各类事故发生。

随着社会的进步，企业体制、机制改革不断深化，人们思想认识水平的不断提升，不断对事故总结和分析，积累了大量的宝贵经验，对安全生产风险的认识也逐步加深，开始从传统的经验管理向现代的制度化管理、规范化管理及风险管理转变，从事后管理向预防管理转变。

电力人身事故风险管理工作是以预防为主，即通过有效的管理和技术手段，控制人的不安全行为、消除物的不安全状态、堵塞管理漏洞，从而使事故发生的概率降到最低。其基本出发点源自生产过程中的事故能够预防的观点。除了自然灾害以外，凡是由于人类自身的活动而造成的危害，总有其产生的因果关系，探索事故的原因，采取有效的对策，理论上就能够预防事故的发生，事实上也是如此。

贯彻"安全第一、预防为主、综合治理"的安全生产方针，坚持以下安全生产理念：

（1）安全是天大的事；

（2）一切事故皆可预防，一切风险皆可控制；

（3）安全生产取决于现场的每一个人；

（4）安全生产落实在班组，体现在现场；

（5）四个对待（违章当事故对待，未遂事故当已遂对待，小事故当大事故对待，别人的事故当自己的事故对待）。

第一节 安全生产管理体制机制

安全生产管理重在体制，体制决定机制，机制决定效果。

（一）党政同责，一岗双责

各级党、政组织共同对本单位的安全生产负责；各级领导班子成员既要履行分管业务的职责，又要履行安全管理职责。

（二）责任主体

企业是安全生产的责任主体，部门（车间）是企业安全生产的责任主体，班组是部门（车间）安全生产的责任主体。

自上而下建立安全生产责任体系，自下而上建立安全生产保证体系。

（三）监督体系和保证体系

要建立安全生产监督体系和安全生产保证体系，安全生产保证体系起内因的作用，安全生产监督体系起外因的作用。以监督促保证，形成合力，使安全生产管理的整体功能得以发挥。

（四）四个责任

责任制不落实是安全生产最大的隐患，明确责任，落实责任，是加强安全生产工作的根本途径。

凡事应落实领导责任、技术责任、监督责任、现场管理责任。

（五）三级安全网络

企业要建立由公司（厂）安全监督人员、部门（车间）安全监督人员、班组安全员组成的三级安全网，形成完整的安全监督体系，实现全方位、全过程的安全监督。

（六）设备点检定修制

以点检员设备负责制为核心，以点检为中心，实行全员、全过程对设备进行动态管理的设备管理体制，点检员是设备的主人。

（七）安全生产一体化管理

企业对承包单位、特许经营单位实施安全生产一体化管理，履行安全生产统一协调、管理责任，并按双方签订的安全生产管理协议承担相应的责任。

（八）问题库

建立问题库，将安全生产重大隐患、风险评估查出的隐患等列入问题库，实现在线、闭环、可追溯管理，确保安全生产隐患及时消除。

（九）专家库

建立专家库，发挥专家的专业特长，解决安全生产中的难题。

第二节　安全生产管理主要方法

安全生产管理要结合企业实际，并无定式。以下是基本的、普遍适用的几种管理方法。

（一）依法合规

安全生产工作必须依法合规。要按照国家法律法规要求，履行依法合规程序。

（二）四不两直

安全检查应采用不发通知、不打招呼、不听汇报、不用陪同和接待，直插基层、直奔现场的方式。

（三）安全培训

通过开展各种形式的安全培训，提高员工安全意识、安全技能、风险辨识和防范能力。

（四）正负面清单

各级应明确下级安全生产正负面清单，明确红线和底线，抓重点工作、抓关键人物、抓关键环节，发挥导向作用，强化安全生产监督。

（五）安全风险排序

将各项安全生产指标进行量化，对下级单位安全生产风险进行排序，对风险较大的单位进行风险提示、预警，特别是对重点单位加大检查力度，或采取督导、指导等方式，降低安全生产风险。

（六）危险化学品重大危险源

通过危险化学品重大危险源辨识、分级、评估、建档、备案、检测、隐患排查和监督管理等工作，建立相对独立的安全监督预警系统，确保可控在控。

（七）危险源管理

通过危险源辨识、分级、评估、建档、检测、隐患排查和监督管理等工作，确保危险源可控在控。

（八）高风险作业安全管理

建立高风险作业清单，规范作业管理，加强作业监护，降低作业风险。

（九）隐患排查治理

建立健全隐患排查治理制度和管理体系，明确隐患排查和治理的责任主体、责任人、排查内容、排查频次、整改要求等内容，建立隐患治理平台，消除安全生产隐患。

（十）安全风险评估

制定风险评估标准，每年开展风险评估内审。定期组织专家开展风险评估外审。通过评估，查找生产安全风险，通过整改，消除风险。

（十一）票证管理

票是指工作票、操作票。

证是指在进行风险较大的作业时，除工作票之外，应履行的安全许可手续，如《高风险作业安全许可证》《动火工作票》《有限空间作业安全措施票》等。

（十二）三讲一落实

讲任务、讲风险、讲措施、抓落实。

布置任何作业，第一要讲工作任务，任务要说清，职责要讲透，工作范围要明确；第二要讲安全风险，风险要讲明讲全；第三要讲安全措施，措施要安全可靠；重点是各项安全措施必须得到落实，要有人监督检查。

（十三）技术监控

建立技术标准，完善监控网络，强化技术管理，提高设备安全可靠性水平。

（十四）四个凡事

凡事有章可循，各项工作要有实实在在的制度文件，在工作中都能够找到相关的文件进行指导。

凡事有人负责，安全生产责任要落实到每个环节、每个岗位、每个人，确保每项工作都能够找到明确的负责人。

凡事有人监督，要建立起完善的监督、检查和内控机制，确保各项要求得到有效和正确的执行。

凡事有据可查，所做的各项工作和操作都要留下痕迹，有据可查。

（十五）四不放过

事故原因未查清不放过、责任人员未处理不放过、整改措施未落实不放过、有关人员未受到教育不放过。

（十六）四级控制

要明确企业、部门（车间）、班组、个人的各级安全目标，一级保一级，确保实现年度安全目标。

（十七）安全技术劳动保护措施计划（简称"安措计划"）

安措计划应根据国家、行业、企业标准进行编制，所需资金列入年度资金计划专项使用，主要用于防止人身伤亡事故、改善劳动条件、完善安全设施、预防职业病、安全培训教育、减轻职工压力、开展安全风险评估、提高消防水平等方面。

（十八）安全生产费用

企业应制定安全生产费用管理办法，明确提取标准、使用范围、责任部门等内容，保证安全生产投入，专门用于完善和改进安全生产条件。

（十九）应急管理

建立健全应急预案和应急机制，增强应急救援能力，最大程度地控制和消除危急事件造成的人员伤亡、财产损失和社会影响。

（二十）安全风险提示

依据安全风险排序和风险评估的结果、安全生产检查等，对风险突出的单位，下达《安全风险提示》，责令制定整改计划，消除风险。

（二十一）安全生产监督通知书

各级安全监督机构对安全生产工作存在的重大隐患应及时下达《安全生产监督通知书》，要求存在问题单位限期整改并书面答复。

（二十二）安全简报

各级安全监督机构每月编制一期安全简报，充分发挥安全简报的舆论引导、下情上报、上情下达、信息交流的作用，为班组安全培训提供学习材料。

（二十三）安全设施标准化

通过实施安全设施标准化，确保现场安全设施安全可靠、规范统一，为员工创造安全、健康的工作环境。

（二十四）三同时

新建、改建、扩建的建设项目以及技术改造工程，安全设施、消防设施、环保设施、职业病防护设施等必须符合国家规定的标准，必须与主体工程同时设计、同时施工、同时投入生产和使用。

第二章 安全基础工作

企业安全生产管理的成效重点在基础工作，基础不牢，地动山摇。扎实抓好基础工作能起到事半功倍的作用。明确安全目标，落实安全生产责任制，依法合规生产经营，建设安全生产管理制度，设置安全管理机构并配备安全监督人员，加强班组建设是最基础的工作。

第一节 安 全 目 标

企业必须依据当前安全生产管理形势，安全生产规划和企业现状制定安全生产目标，并全力以赴实现安全目标，以此提高安全管理水平，检验安全管控水平。

（一）制定安全目标的原则要求

各级安全目标必须符合或严于上级下达的安全目标，符合本企业的中长期安全生产规划和本企业安全生产现状。安全生产目标要做到四级控制：

（1）企业控制内部统计及以上事故，杜绝重伤及以上人身事故；

（2）部门（车间、区队）控制障碍，杜绝轻伤及以上人身事故；

（3）班组控制未遂和异常，不发生障碍；

（4）个人控制失误和差错，杜绝违章，不发生人身未遂和异常。

（二）制定程序

企业年度安全生产目标由安全生产委员会办公室（安全监督部门）组织制定，安全生产委员会审议通过。

（三）企业年度安全目标主要内容

（1）人身安全目标。

（2）设备安全目标。

（3）消防安全目标。

（4）交通安全目标。

（5）环境保护目标。

（6）风险评估整改目标。

（7）职业卫生的工作目标。

（8）其他目标。

（四）分解安全目标

（1）安全目标分解实行行政正职负责制。

（2）目标分解工作应逐级分解到各部门（车间、值、项目部）、班组、员工。

（3）从企业行政正职至班长，逐级与下级签订《安全生产责任书》（参见附录A）。

（五）制定保证措施

（1）各级应制定实现安全目标的保证措施，经各级行政正职审核后执行，并逐级上报至安委会办公室备案。

（2）保证措施要针对目标，结合实际，要有可行性和可操作性。

（3）员工（含项目部人员）应填写《员工安全承诺书》（参见附录B），一式两份，本人一份，班组保留一份。

（六）落实措施、兑现奖惩

（1）各级认真落实各项保证措施，并进行经常性监督检查考核。

（2）根据安全目标完成情况，按《安全生产责任书》兑现奖惩。

第二节　安全生产责任制

以岗位安全生产责任制为主要内容的安全生产责任制是最基本的安全管理制度，是所有安全管理制度的核心。

一、基本原则

（1）职责分明，界限清晰。

（2）坚持"党政同责，一岗双责，失职追责"。

（3）坚持"管行业必须管安全、管业务必须管安全、管生产经营必须管安全"。

（4）坚持"事事有主管，一事一主管"。

二、三级责任主体

自上而下建立安全生产责任体系，自下而上建立安全生产保证体系。

（1）企业是安全生产的责任主体。

（2）部门（车间）是企业安全生产的责任主体。

（3）班组是部门（车间）安全生产的责任主体。

三、编写要求

以岗位设计说明书为依据，明确各项安全生产工作责任人员、责任范围和考核标准等内容，必须符合以下要求：

（1）应做到简明、具体、实用，可操作性强，上下配套、逐级衔接、不留空白，形成完整的安全生产责任体系。

（2）依据本单位定岗标准、领导分工、部门分工，自上而下，逐级、逐层、逐项明确各责任主体的职责。

（3）职责分明，每个岗位的安全生产职责应明确、具体。

（4）界限清晰，岗位之间、部门之间的安全生产职责界面清晰。

（5）流程穿越岗位，安全生产管理制度中岗位之间、部门之间的管理流程、业务往来应衔接顺畅。

（6）在各项工作中均应明确归口管理部门、归口岗位、主管领导，每项工作只能有一个归口管理部门、一个归口岗位、一个主管领导。

（7）要明确"四个责任"：

领导责任：凡事首先要落实领导责任，安全生产要抓领导、领导抓，树立领导就是责任、责任重于泰山的意识，在安全生产上各级领导要"担责任、抓落实"，要把落实安全生产责任制作为履行安全生产职责的第一要务。

技术责任：各级技术人员要履行技术责任，重点是建立健全技术标准体系，强化技术监督，解决技术难题。

监督责任：各级安全监督人员要履行监督责任，重点是监督责任制和制度的落实。

现场管理责任：工作负责人、运行人员、点检员、班组长、部门（车间）领导等要履行现场管理责任，消除现场作业风险。

四、编制程序

（1）成立以企业安全生产第一责任人为组长的编制小组，明确牵头部门，制定安全生产责任制编制工作方案；

（2）编制小组依据人力资源部门明确的企业岗位设置，参照《安全生产职能分配表》（见表1-1）组织所有员工参加本岗位安全生产职责的编制工作；

（3）各岗位的安全生产职责经逐级审核后，上报编制小组，编制小组组织相关部门对汇总后的安全生产职责进行审核，形成安全生产责任制；

（4）审核后的安全生产责任制经本企业安全生产委员会讨论审定后，由安全生产第一责任人批准，以正式文件发布。

五、编制内容

（1）本岗位涉及领导责任、技术责任、现场管理责任和监督责任的具体内容；

（2）本岗位负责、组织、协调、参与以及监督检查等安全生产职责的具体内容；

（3）本岗位负责管控的安全风险与防范措施；

（4）党、政领导班子各成员应负的安全生产职责。

六、责任落实原则

（1）谁主管，谁负责；

（2）谁主办，谁负责；

（3）谁审批，谁验收，谁负责；

（4）谁开发、谁受益、谁管理，谁负责；

（5）谁在岗，谁负责；

（6）谁检查，谁负责。

七、责任制修编

安全生产责任制至少每三年修编一次。当组织机构、业务领域、生产规模等发生变化时，应及时组织进行完善和修订。

八、安全生产职能分配表

安全生产职能分配表见表1-1。

表1-1　　　　　　　　安全生产职能分配表

安全生产职能	行政正职	党委书记	生产副职	总工程师	安监	设备	发电	人资	备　注
安全生产责任制	★				●				
安全文化建设		★			●				

安全生产职能	行政正职	党委书记	生产副职	总工程师	安监	设备	发电	人资	备 注
外委项目部管理			★						按分工明确归口管理部门
外委项目部监督			★		●				
问题库管理			★			●			
专家库管理				★				●	
"三讲一落实"管理	★								由班组归口部门负责
危险化学品重大危险源管理	★					●			
危险化学品重大危险源评估				★		●			
危险化学品重大危险源安全监督	★				●				
危险源管理	★					●			
危险源评估				★		●			
危险源安全监督	★				●				
工作票			★			●			
操作票			★				●		
两票监督管理			★		●				
二十五项反措			★			●			
"安措"制定、监督实施	★				●				
"反措"制定、监督实施			★			●			
技术监控				★		●			
应急管理	★				●				
事故管理	★				●				
安全风险评估	★				●				
季节性安全检查			★		●				
外包工程安全管理			★						谁发包谁负责
外包工程安全监督			★		●				
特许经营安全管理									合同约定
特许经营安全监督	★				●				
安全防护用品			★		●				
特种作业人员			★					●	

续表

安全生产职能	行政正职	党委书记	生产副职	总工程师	安监	设备	发电	人资	备　注
特种设备作业人员			★					●	
特种设备			★			●			
特种设备（作业人员）安全监督			★		●				
消防监督管理	★								按分工明确职能部门
交通安全	★								按分工明确职能部门
防汛	★								按分工明确职能部门
安全设施标准化			★		●				
安全奖惩	★				●				
安全生产月活动	★				●				
大坝安全监督管理			★			●			
锅炉压力容器安全监督			★			●			
职业卫生	★				●				
安全教育培训	★				●				
危险化学品			★				●		
月度安全分析会	★				●				
安委会会议	★				●				

注　"★"代表主管领导；"●"代表归口管理部门。

第三节　依　法　合　规

依法合规经营、管理是企业的基本责任，在安全生产上企业要落实安全生产主体责任，要严格按照法律法规要求开展安全评估、危险化学品重大危险源备案等依法合规工作。

一、原则

（1）遵守法律、法规，杜绝非法生产和违法生产。

（2）企业依法合规工作由行政正职负责，分管领导在分工范围内对行政正职负责。

二、依法合规具体要求

依法合规具体要求见表1-2。

表1–2   依 法 合 规 一 览 表

序号	项目阶段	工作任务	法律、法规依据	监管部门	关键节点及成果	备注
1	可研阶段	安全	对安全生产条件进行安全预评价	《建设项目安全设施"三同时"监督管理暂行办法》（安监总局令第36号，2015年以77号令进行修订）第七、八、九、十三条	安全监督管理部门	完成《安全预评价报告》向安全生产监督管理部门备案	全部
2			开展地震安全性评价	《中华人民共和国防震减灾法》第三十五条；《地震安全性评价管理条例》（国务院令第323号）第十一条	地震局	取得地震安全性评价批复文件	全部
3			开展地质灾害危险性评估	《国务院地质灾害防治条例》（国务院令第394号）第二十一、二十二条	国土资源厅	取得地质灾害危险性评估批复文件	全部
4		职业健康	编制并提交职业病危害预评价报告	《中华人民共和国职业病防治法》第十七条	安全监督管理部门	取得《职业病危害预评价报告》报监督部门审核批复	全部
5		环保	编制并提交环境影响报告书	《中华人民共和国环境保护法》第十九条；《中华人民共和国环境影响评价法》第三章	环境保护部门	取得《环境影响报告书》的批复文件	全部
6			编制并提交建设项目水土保持方案	《中华人民共和国水土保持法》（2011年）第二十六条；《中华人民共和国水土保持法实施条例》第十四条	水行政主管部门	报县级以上人民政府水行政主管部门审批，取得水土保持方案批复文件	全部
7	设计阶段	安全	编制并提交建设项目初步设计报告及安全专篇	《建设项目安全设施"三同时"监督管理暂行办法》（安监总局令第36号，2015年以77号令进行修订）第十至十六条	安全监督管理部门	向安全生产监督管理部门备案，取得《安全专篇备案函》批复文件	全部
8			编制大坝安全监测系统专项设计方案	《水电站大坝运行安全监督管理规定》（国家发展和改革委员会第23号令）第六条	大坝安全管理中心	主管部门审批，大坝中心备案	水电

续表

序号	项目阶段		工作任务	法律、法规依据	监管部门	关键节点及成果	备注
9	设计阶段	消防	消防设计文件审核备案	《中华人民共和国消防法》第十条	公安机关消防机构	自取得施工许可之日起七个工作日内,将消防设计文件报公安机关消防机构备案	全部
10		职业健康	职业病防护设施设计审查	《中华人民共和国职业病防治法》第十八条	安全监督管理部门	经监管部门审查符合职业卫生标准和卫生要求的,方可施工	属于职业病危害严重的建设项目
11		环保	依据国家环保部对环境影响报告书的批复进行工程设计	《火电厂大气污染物排放标准》(GB 13223—2011)4.1、4.2、4.3项、《污水综合排放标准》(GB 8978—1996)4.1、4.2、4.3项、《工业企业厂界环境噪声排放标准》(GB 12348—2008)4.1、4.2项	环境保护部门	设计文件通过监管部门的审查	火电
12	基本建设阶段		建设项目安全设施"三同时"	《建设项目安全设施"三同时"监督管理暂行办法》(安监总局令第36号,2015年以77号令进行修订)第十四、十五条	安全监督管理部门	设计不予批准的,不得开工建设	全部
13		安全	执行电力生产事故统计报告制度	《生产安全事故报告和调查处理条例》(国务院令第493号)第二十九、三十条;《电力安全事故应急处置和调查处理条例》(国务院令第599号)第二十五条	安全生产监督管理部门;能源监管局及派出机构	电力生产事故报告及时、准确、完整	全部
14			工程项目备案	《电力工程建设施工安全监督管理办法》(国家发展和改革委员会第28号令)	发展改革委员会	开工15日内,将措施向国家能源局派出机构备案	全部
15			进行水库蓄水验收	《水利水电建设工程蓄水安全鉴定暂行办法》第三条	水行政主管部门	取得水电站建设工程蓄水验收报告	水电
16		职业健康	建设项目职业病防护设施"三同时"	《建设项目职业卫生"三同时"监督管理暂行办法》(安监总局令第51号)第三条	安全监督管理部门	建设项目职业病防护设施必须与主体工程同时设计、同时施工、同时投入生产和使用	全部

序号	项目阶段		工作任务	法律、法规依据	监管部门	关键节点及成果	备注
17	基本建设阶段	环保	建设项目防治污染设施"三同时"	《中华人民共和国环境保护法》（2015年1月1日实施）第四十一条	环境保护部门	建设项目中防治污染的设施，必须与主体工程同时设计、同时施工、同时投产使用	全部
18			建设项目的水污染防治设施"三同时"	《中华人民共和国水污染防治法》（2008年6月1日实施）第十七条	环境保护主管部门	建设项目的水污染防治设施，应当与主体工程同时设计、同时施工、同时投入使用	火电水电
19		特种设备	特种设备投入使用前必须检验合格	《中华人民共和国特种设备安全法》（2014年1月1日实施）第二十五条	特种设备安全监察管理部门	特种设备投入使用前经检验合格，未经检验和检验不合格的不得使用	全部
20	试生产阶段	安全	申请《建设项目安全设施竣工验收评价报告》备查或备案	《中华人民共和国安全生产法》第二十九条；《建设项目安全设施"三同时"监督管理暂行办法》（安监总局令第36号，2015年以77号令进行修订）第二十四条	安全监督管理部门	取得《建设项目安全设施竣工验收评价备案意见书》	电力备查、化工和冶金备案
21			办理电力业务许可证	《电力业务许可证管理规定》（国家电力监管委员会令第9号）第八条	能源监管局及派出机构	取得电力业务许可证	全部
22			大坝安全注册	《水电站大坝运行安全管理规定》（国家发展和改革委员会令第23号）第二十五至三十一条；《水电站大坝安全注册办法》（电监安全〔2005〕24号）第二条	国家能源局大坝安全监察中心	取得大坝安全注册证书	水电
23		职业健康	进行职业病危害控制效果评价	《中华人民共和国职业病防治法》第十八、十九条	安全监督管理部门	项目竣工验收时防护设施经监管部门验收合格后方可投入正式生产和使用	全部
24		消防	报公安机关消防机构进行消防验收	《中华人民共和国消防法》第十三条	公安机关消防机构	消防设施通过公安机关消防机构验收	全部

序号	项目阶段		工作任务	法律、法规依据	监管部门	关键节点及成果	备注
25	试生产阶段	消防	消防安全重点单位及其消防安全责任人、消防安全管理人备案	《机关、团体、企业、事业单位消防安全管理规定》（公安部令第61号）第十四条	公安机关消防机构	完成向公安机关消防机构备案工作	全部
26			大型发电厂应当建立单位专职消防队	《中华人民共和国消防法》第三十九、四十条	公安机关消防机构	通过当地公安机关消防机构验收	火电水电
27		环保	对防治污染的设施进行环保验收	《中华人民共和国环境保护法》第四十一条	环境保护部门	防治污染的设施必须经原审批环境影响报告书的环境保护行政主管部门验收合格后，该建设项目方可投入生产或使用	全部
28			组织气体排放达标验收工作	《火电厂大气污染物排放标准》（GB 13223—2011）4.1、4.2、4.3项	环境保护部门	通过监管部门检查确认排放达标	火电
29			水土保持方案验收	《中华人民共和国水土保持法》第二十七条	水行政主管部门	试生产运行结束后、正式运行前取得水行政许可决定书、水土保持方案验收批复文件	全部
30		特种设备	组织特种设备检验取证工作	《中华人民共和国安全生产法》第三十条；《中华人民共和国特种设备安全法》第2章第三十二、三十三条	特种设备安全监察管理部门	特种设备以及危险物品的容器、运输工具必须取得安全使用证或者安全标志，方可投入使用	全部
31	生产阶段	安全	企业主要负责人和安全生产管理人员取得《安全生产岗位培训合格证书》	《生产经营单位安全培训规定》（安监总局令第80号）第六条；《中华人民共和国安全生产法》第二十四、二十五条	安全监督管理部门	经过监管部门或具备相应资质的培训机构培训考试合格，取得合格证，每年再培训时间不得少于12学时	全部

序号	项目阶段	工作任务	法律、法规依据	监管部门	关键节点及成果	备注
32	生产阶段	安全	特种作业人员持证上岗工作(电力企业的电气、起重、司炉、焊接、爆破、爆压、特殊高处作业的人员和架子工、厂内机动车驾驶人员、起重机械操作以及接触易燃、易爆、有害气体、射线、剧毒等作业,属特种作业人员(包括自动消防系统的操作人员)	《特种设备安全监察条例》(国务院令第 373 号)第三十八条	特种设备安全监察管理部门	按照国家有关规定经特种设备安全监督管理部门考核合格,取得国家统一格式的特种作业人员证书,方可从事相应的作业或者管理工作	全部
33			报送安全生产事故隐患排查治理信息	《安全生产事故隐患排查治理暂行规定》(安监总局令第 16 号)第十四条	安全生产监督管理部门	每季、每年分别于下一季度 15 日前和下一年 1 月 31 日前向监管部门上报排查治理信息	全部
34			重大危险源备案	《危险化学品重大危险源监督管理暂行规定》(安监总局令第 40 号,2015 年以 79 号令进行修订)第二十三条	安全监督管理部门	在每年 3 月底前将有关材料(已完成备案单位用评估报告)报送当地县级以上人民政府安全生产监督管理部门备案。取得备案文件	全部
35			应急预案评审、备案	《电力企业应急预案管理办法》(国能安全〔2014〕508 号)第十六、十七条	能源监管局	取得国家能源监管局出具的《电力企业应急预案备案登记表》	全部
36		消防	企业生产使用液氨、天然气等,达到规定量的危险化学品进行安全评价和备案	《危险化学品安全管理条例》(国务院令第 344 号,2013 年以国务院令第 645 号修订)第二十二、二十九条	安全生产监督管理部门	委托具备国家规定的资质条件的机构,对本企业的安全生产条件每 3 年进行一次安全评价,评价报告报安全生产监督管理部门备案	火电
37		职业健康	进行水库大坝安全鉴定	《水库大坝安全鉴定办法》(水建管〔2003〕271 号)第三、四条	水利部大坝安全管理中心	取得水库大坝安全鉴定报告	水电

序号	项目阶段	工作任务	法律、法规依据	监管部门	关键节点及成果	备注
38	生产阶段	大坝定期检查	《水电站大坝运行安全监督管理规定》（国家发展和改革委员会）第十九条；《水电站大坝安全定期检查办法》（电监安全〔2005〕24号）第二、四条	国家能源局大坝安全监察中心	形成定期检查审查意见报电监会备案	水电
39		编制并提交年度水库调洪调度方案	《水电站大坝运行安全管理规定》（国家发改委令第23号）第八条	防汛指挥机构	获得防汛指挥机构批准	水电
40	职业健康	消防设施年度定期检测	《中华人民共和国消防法》第十六条	公安机关消防机构	企业对建筑消防设施每年至少进行一次全面检测，检测记录应当完整准确，存档备查	全部
41		提交《作业场所职业危害申报表》和有关资料，申报作业场所职业危害	《职业病危害项目申报办法》（安监总局令第48号）第五、六、八、十五条	安全监督管理部门	作业场所职业危害每年申报一次，取得《作业场所职业危害申报回执》	全部
42		职业危害因素定期监测、评价和报告	《工作场所职业卫生监督管理规定》（安监总局令第47号）第二十二、二十七条	安全生产监督管理部门	每年至少进行一次职业危害因素检测，每3年至少进行一次职业危害现状评价。检测、评价结果应向所在地安全生产监督管理部门报告	全部
43	环保	取得排污许可证	《中华人民共和国水污染防治法》（主席令第87号，2008年6月1日实施）第十七、二十、二十一、二十三条	环境保护部门	按照规定向监管部门申请，取得排污许可证	火电水电
44		做到污染物达标排放	《火电厂大气污染物排放标准》（GB 13223—2011）4.1、4.2、4.3项；《污水综合排放标准》（GB 8978—1996）4.1、4.2、4.3项；《工业企业厂界环境噪声排放标（GB 12348—2008）4.1、4.2项	环境保护部门	接受监管部门定期监督检查	火电

续表

序号	项目阶段		工作任务	法律、法规依据	监管部门	关键节点及成果	备注
45	生产阶段	特种设备	完成特种设备使用登记工作	《中华人民共和国特种设备安全法》（2014年1月1日实施）第三十三条	特种设备安全监察管理部门	取得特种设备使用登记证	全部
46			开展特种设备年度检验工作	《中华人民共和国特种设备安全法》（2014年1月1日实施）第四十条	特种设备安全监察管理部门	在安全检验合格有效期届满前1个月向特种设备检验检测机构提出定期检验要求	全部

第四节　安全生产制度管理

安全生产管理制度指依据国家有关法律法规及上级公司有关规定，结合企业实际制定的具有强制性、持续性、普遍性效力的规范性文件，包括制度、规定、办法、实施细则、指导意见等。

一、制定原则

（1）合法性：符合法律法规及上级有关要求。

（2）统一性：各项制度协调统一、承接有序，同类制度应相互关联、衔接配套，下级制定的制度不得与上级制度相抵触。

（3）规范性：制度管理职责分工明确、流程清晰、措施有效、奖惩到位。

（4）普适性：制度能在一定时间、一定范围内普遍适用。

（5）可操作性：制度条款规定明确、内容具体、符合实际，便于执行。

二、制定流程

（一）修编计划

每年年底有关部门应制定下年度安全生产管理制度修编计划。

（二）制度起草

（1）制度修编的责任部门组织起草工作。

（2）初稿应经过责任部门内部讨论，必要时应征询相关部门和适用单位意见。

（3）要确保制度符合上级要求、与现行制度的协调衔接。

（4）制度应有责任追究专门内容，明确问责标准。

（三）制度审核

应依次履行修编部门内部审核和制度归口管理部门专责审核、法律专业审核程序。

（1）一般制度由修编责任部门内部审核，主要审核责权界定是否符合管理界面划分及管理职能要求。

（2）涉及其他部门职责的应履行会签程序。

（3）需要专家联审或会议审议的重要制度，按所涉及内容履行相应程序。

（4）法律专业审核是否符合国家法律法规及上级要求。

（四）制度评估

（1）原则上制度实施后满3年，应对其合法性、适用性、合理性和可操作性等方面的情况开展制度评估工作。

（2）原则上要求"暂行"制度的暂行期限不得超过1年，"试行"制度的试行期限不得超过3年。

（五）制度修订

有下列情形之一的，应当对制度进行修订：

（1）国家法律法规、上级有关要求发生变化，制度内容与之不相适应的；

（2）生产经营状况变化或者根据工作需要，有必要调整制度内容的；

（3）制度部分内容与新发布内容不一致的；

（4）制度评估中发现存在问题或需要完善的。

（六）制度废止

有下列情形之一的，应当对制度予以废止：

（1）国家法律法规、上级有关要求发生变化，失去依据或者必要性的；

（2）规定的事项已经执行完毕或者因实际情况变化，没有必要继续执行的；

（3）被新颁布的制度所取代的。

（七）制度清单

每年年初，通过法律辨识、评估，应公布现行有效的安全生产法律法规、制度清单。

第五节　安全监督机构设置及安全监督人员配置

安全监督机构设置和安全监督人员配置，是正常开展安全监督活动的前提，必须及时设置安全监督机构，择优足额选配安全监督人员。

一、安全监督机构设置原则

各生产企业以及开工建设的建设项目必须设立独立的二级安全监督机构。

独立的二级安全生产监督机构是指该机构直接隶属公司和企业，不隶属于任何其他部门和机构。

二、管理关系

（1）各企业安全生产监督机构必须由本企业安全第一责任人主管，工作直接对安全生产第一责任人负责。

（2）企业安全监督人员、部门（车间、区队、值、项目部）安全监察工程师、班组专（兼）职安全员组成三级安全网。

（3）各基层企业安全监督机构主要负责人或专职安全监督人员的变更，应征得上级安全监督机构的同意认可。

（4）各级安全生产监督机构和安全监督人员业务上接受上级安全生产监督机构领导。

三、人员配置

安全生产监督机构人员按以下标准配置：

（1）从事安全生产监督工作的专职人员数量应按本企业从业人员（包括长期外委项目部）的千分之五配置，但不少于 5 人。

（2）企业消防、防汛和交通安全归安全监督机构管理的，应增设 1 名专职安全监察工程师；治安保卫归安全监督机构管理的，应增设 1 名专职安全监察工程师；环保归安全监督机构管理的，应增加 1 名专职环保监察工程师。

（3）安全监察工程师应按照人身监察、运行监察、设备监察、职业健康监察、综合管理等岗位设置，涵盖各主要专业，明确分工和岗位职责。

（4）专职或兼职安全监察工程师（安全员）应经过培训合格后上岗，满足安全生产监督管理工作需要。

（5）企业主要生产部门（主要包括发电部、设备部、维护部、工程部等）、车间（区队）、长期外委项目部，应设专职安全监察工程师。

（6）班组应设安全员，人员在 30 人以上的班组，应配备专职安全员。

四、一体化安全监督管理

（1）长期外委项目部和特许经营项目部必须派专职安全监察工程师到该企业安全生产监督管理机构，在业主单位的统一领导下，对生产现场实施一体化安全监督管理。项目部人数在 100 人以上的，应派 2 名专职安全监察工程师；100 人以下的，派 1 名专职安全监察工程师。

（2）长期外委项目部和特许经营项目部人数在 100 人以上的，项目部内部应设置安全生产监督管理机构，配备不少于 2 名专职安全监察工程师；30 人以上，不足 100 人的，项目部内部应配备专职安全监察工程师；30 人以下的，项目部内部应当配备专职或者兼职安全监察工程师。派出的专职安全监察工程师不得替代项目部内部需配备的专职安全监督人员。

第六节　班组安全建设

班组是企业的基本细胞，班组安全建设是企业安全保障的基础，突出抓好班组安全建设，会起到事半功倍的效果。

一、职责分工

（1）部门（车间）对班组安全建设负责。

（2）班组长是班组安全管理的第一责任人，其职责如下：

1）抓好票证管理，检查票证的执行情况。

2）组织制定实现班组安全目标的保证措施。

3）审核员工安全承诺书

4）主持班前会、班后会。

5）组织班组安全日活动。

6）开展"三讲一落实"。

7）开展无违章班组建设。

8）组织开展班组安全培训。

9）组织开展应急演练。

10）组织开展隐患排查。

11）组织建立健全班组安全台账。

12）分配任务、指定工作负责人、安排工作班成员时，应考虑人员资质及能力。

13）现场安全检查。

（3）班组安全员职责如下：

1）抓好票证管理，检查票证的执行情况。

2）组织填写安全承诺书。

3）协助班组长做好安全培训。

4）协助班组长开展安全日活动。

5）协助班组长应急演练。

6）负责新入厂人员、转岗人员、外来人员的三级（班组级）安全教育。

7）现场安全检查。

8）负责建立健全班组安全台账。

9）负责劳动防护用品、安全工器具的检查和领用。

（4）班组成员职责如下：

1）杜绝无票作业，正确使用并严格执行工作票与操作票。

2）杜绝违章行为。

3）拒绝违章指挥，制止违章作业。

4）填写安全承诺书并履行。

5）落实"四不伤害"措施。

6）负责日常的隐患排查。

二、重点内容

（一）安全培训

1. 安全培训形式

安全日活动、现场考问、手写两票、默画系统图、技术问答、事故预想、岗位练兵、岗位异常分析、签订师徒合同等。

2. 安全培训内容

岗位职责、岗位应知应会、岗位风险及防范措施、安全规程、消防规程、检修（运行）规程、二十五项反措、安全管理规章制度、事故案例、违章模拟分析、现场处置方案、劳动保护用品使用、安全工器具使用、消防器材使用等。

（二）班前、班后会

（1）班组长组织。

（2）班前会：结合当班工作，分派任务，重点是"三讲"，即讲工作任务、讲安全风险、讲安全措施。

（3）班后会：工作负责人或专业组长简要汇报当班工作情况，班组长讲评当班工作和安全情况、作业现场风险防控措施落实情况，点评班组成员工作表现。

（三）安全日活动

（1）班组长组织，安全员协助。

（2）企业党政领导、部门（车间）负责人按计划参加并指导、检查活动情况。

（3）活动内容：

1）学习上级有关安全生产文件和会议精神。

2）事故通报。

3）分析班组发生的不安全事件。

4）开展班组违章模拟事故分析。

5）开展安全培训，如现场考问、手写两票、默画系统图、技术问答、事故预想、岗位练兵、岗位异常分析、安全规程、消防规程、检修（运行）规程、二十五项反措重点要求等。

（四）三讲一落实

在组织生产工作过程中，由班组长和工作负责人讲工作任务的同时，讲作业过程的安全风险，讲安全风险的控制措施，并抓好安全风险控制措施在现场的落实，强化班组成员对作业安全风险的辨识和控制能力。

（五）班组安全台账

坚持整合、简洁、实用的原则，建立健全以下安全台账（参见附录C）：

（1）安全管理制度台账（如安全文件、事故通报、管理制度）。

（2）班组安全活动记录。

（3）安全工器具台账。

（4）班组违章积分台账。

（5）班组安全培训台账。

（六）安全工器具和劳动防护用品

安全员负责班组安全工器具（电气绝缘工器具、手持电动工具、手动葫芦、千斤顶、钢丝绳扣、U形环等）、劳动防护用品（安全带、安全帽、绝缘鞋、绝缘手套等）按规定定期进行检查和试验，正确使用，保存完好。

（七）票证管理

严格执行票证管理要求，进行工作票和操作票动态检查，重点检查工作票安全措施和危险点分析安全措施是否完备及落实情况。

（八）劳动纪律

班组员工应严格遵守劳动纪律管理规定的要求。

（九）无违章班组

班组员工在日常生产工作中，增强班组团队意识，严格遵守各项安全管理规定的要求，杜绝违章行为，创建无违章班组。

（十）奖惩机制

建立健全"班组安全建设"考核评价机制，定期组织对班组安全建设开展情况进行评比，促进企业班组安全建设工作标准化、规范化。

第三章 日 常 工 作

日常工作也是例行工作，是安全生产监督管理的基础性工作。安全生产管理水平的提高，要从日常工作抓起。

第一节　主 要 日 常 工 作

一、监督落实安全生产责任制

组织建立健全以岗位安全责任制为重点的安全生产责任制，监督安全生产责任落实到每个环节、每个岗位、每个人。

二、安全目标

组织提出企业年度安全生产目标，由企业安全生产委员会审议通过。监督逐级分解安全目标并制定保证措施，监督落实。

三、安全培训

以知法懂法为重点强化领导干部安全培训；以安全常识、安全技能、《安全规程》等为重点加强员工安全培训；以《三措两案》为重点加强高风险作业人员、外包人员安全培训。

四、安全生产委员会会议

企业每季度召开一次安委会会议。学习国家和上级安全生产最新要求，总结前一阶段安全生产工作，重点是剖析安全生产存在的重点问题并部署下一个阶段的安全生产工作。

五、隐患排查

安全监督部门重点负责：

（1）综合性安全检查。

（2）季节性安全检查，如春季安全检查、秋季安全检查等。

（3）专项安全检查，如防汛检查、防火检查。

（4）重点是监督问题整改。

（5）每月上报地方及上级隐患排查治理开展情况。

（6）其他专业性安全检查由归口管理部门负责。

六、日常现场安全检查

安全监督人员日常现场安全检查重点内容：安全设施完好情况、两票执行情况、人员违章情况、外包单位《三措两案》落实情况、特种作业人员持证上岗情况、个人防护用品使用情况、脚手架搭设情况等。

七、危险化学品重大危险源监督

监督本企业危险化学品重大危险源辨识、分级、评估、建档、备案、检测、隐患排查治理等工作，每年第一季度完成重大危险源监督报告。

八、危险源管理监督

监督本企业危险源辨识、分级、评估、建档、检测、隐患排查和监督管理等工作，每年第一季度完成危险源监督报告。

九、安全风险控制评估

组织安全风险控制评估工作，监督问题录入"问题库"，重点是监督问题整改。

十、应急管理

组织制定生产危急事件应急预案，制定每年的应急演练计划，并监督演练计划执行。

十一、工作票与操作票监督管理

监督设备部履行工作票归口管理职责，监督运行部履行操作票归口管理职责，加强现场工作票和操作票动态检查和考核。

十二、外委项目部、外包工程安全监督

监督外委项目部与外包工程归口管理部门履行全面管理职责，重点监督做好

资质审查、入厂三级安全培训、现场安全交底、《三措两案》执行等情况。

十三、特许经营安全监督

监督在《安全生产管理协议》中明确双方安全界面划分，监督履行《安全生产管理协议》。

十四、"三会一活动"管理

"三会一活动"是指安全分析会、安全监督网例会、班前班后会，安全日活动。

每月至少召开一次安全分析会和安全监督网例会；督促部门（车间、值）做好班组班前班后会监督检查工作；督促部门（车间、值）做好班组安全日活动，监督检查班组安全日活动开展情况。

十五、三讲一落实

监督指导"三讲一落实"（讲任务、讲风险、讲措施，抓落实）工作，组织编制《危险点分析与控制手册》，有效防控现场作业安全风险。

十六、违章模拟事故分析

每月组织开展违章模拟事故分析，结合现场发生的典型违章事件，把未遂当作已遂来进行模拟后果分析。从类别、性质、频次、危害程度等多维度分析违章成因，量化考核违章可能造成的后果及处罚和处理情况。

十七、安全简报

各级安全监督机构每月编制一期安全简报，充分发挥安全简报的舆论引导、下情上报、上情下达、信息交流的作用，为班组安全培训提供学习材料。主要内容应包括企业风险评估排序、隐患排查与整改、违章考核、"两票"执行、"两措计划"执行、重大危险源管理及动态监控、承发包工程管理、应急管理、安全监督例行工作以及不安全事件分析等。

十八、安全生产监督通知书

对安全生产工作存在的隐患应及时下达《安全生产监督通知书》，要求限期整改并书面答复。

十九、安全生产月

制定安全生产月活动方案，提高对安全生产的认识，普及安全知识，弘扬安全文化，形成良好的安全生产氛围。

二十、问题库

监督安全风险评估、危险化学品重大危险源评估、上级安全检查要求整改的问题、季节性安全检查正式下文件要求整改的问题、专项安全检查正式下文件要求整改的问题、隐患排查查出的安全管理问题等录入问题库，实现闭环管理。

二十一、安全事故通报的防范措施落实

对于政府、上级下发的《事故通报》《事故快报》等要求的防范措施，编制《事故通报防范措施落实任务分解表》（参见附录 D），作为附件随通报一并下发。重点监督落实情况。

二十二、安全监测报警装置

监督安全监测报警装置归口管理部门做好监测报警装置检测、维护工作，确保监测报警装置安全可靠。安全监测报警装置包括：有毒有害气体监测报警装置、易燃易爆气体监测报警装置、消防报警系统、有限空间氧含量分析装置等。

第二节 安全监督例行工作

年度安全监督例行工作见表 3–1，月度安全监督例行工作见表 3–2，其他例行工作见表 3–3。

表 3–1 年度安全监督例行工作

月份	工 作 内 容
一月	1）下发一号文件，明确年度安全生产目标及安全生产重点工作。 2）组织召开安全生产委员会会议，分析安全生产形势，部署安全生产重点工作。 3）监督本企业逐级签订《安全生产责任书》。 4）监督逐级制定实现安全目标的保证措施，员工填写《员工安全承诺书》。 5）下发本企业年度现行有效的安全管理制度清单。 6）制定应急预案演练计划。 7）上报年度安全工作总结。 8）监督组织工作许可人、工作负责人、工作票签发人、动火负责人（下称"四种人"）培训，经考试合格后以正式文件下发合格人员名单

续表

月份	工作内容
二月	1）监督开展重大危险源安全评估。 2）组织开展保"两会"安全检查，制定保"两会"措施。 3）对危险化学品专项检查
三月	1）监督完成年度重大危险源安全评估并上报评估报告。 2）监督落实保"两会"各项措施。 3）组织开展春季安全大检查。 4）梳理摸底企业主要负责人、安全生产管理人员、特种设备作业人员取证情况
四月	1）上报春季安全大检查总结，组织制定问题整改计划并监督落实。 2）组织全员《安规》《电力设备典型消防规程》及安全规章制度考试。 3）汛前检查（水电企业及南方企业）
五月	1）制定安全月活动方案。 2）组织防汛安全检查（北方企业）
六月	1）组织开展安全生产月活动。 2）对春查整改情况进行复查
七月	1）组织召开年中安全生产委员会会议。 2）上报安全生产月活动总结。 3）上报上半年安全工作总结
八月	1）上报重大安全技术劳动保护可研报告。 2）监督夏季大负荷各项安全措施落
九月	1）开展秋季安全大检查。 2）组织保国庆专项安全检查
十月	1）监督保国庆各项安全措施落实。 2）组织全员《运行规程》《检修规程》及安全规章制度考试。 3）汛后检查
十一月	1）组织制定下年度安全技术劳动保护措施计划（"安措计划"）。 2）上报秋季安全大检查总结，组织制定问题整改计划并监督落实。 3）依法合规专项检查
十二月	1）对秋查整改情况进行复查。 2）下发下年度"安措计划"。 3）组织制定下年度安全生产一号文件。 4）特种设备专项检查

表 3-2　　　　月度安全监督例行工作

序号	工作内容
1	每月5日前编写完成《安全简报》
2	组织召开月度安全分析会，下发安全分析会会议纪要
3	组织召开月度安全监督网例会
4	两票动态检查，对存在问题进行分析，统计两票合格率
5	监督统计春秋季安全大检查问题整改计划完成情况

序号	工 作 内 容
6	监督统计重大危险源评估问题整改计划完成情况
7	监督统计安全风险评价问题整改计划完成情况
8	监督应急预案演练计划完成情况
9	现场检查反违章工作开展情况
10	抽查班组安全日活动
11	监督班组"三讲一落实"工作开展情况
12	统计外包工程队伍及人数
13	组织开展违章模拟事故分析
14	上报隐患排查治理工作开展情况
15	监督"安措计划"完成情况

表 3-3 其 他 例 行 工 作

序号	工 作 内 容
1	召开安全生产委员会会议
2	按照应急预案的演练计划，完成演练，形成演练总结
3	每年组织修订应急预案
4	每年组织一次风险评估内审

第三节 安全生产信息报告

根据电力生产事故调查暂行规定要求，发生人身伤亡事故，必须立即向上级报告，发生人身死亡事故要同时向企业所在地安全监管机构、政府安全主管部门、公安部门、工会等汇报。

一、报告范围

生产安全信息包括生产安全突发事件信息（含较大涉险事故信息）和日常安全管理信息。

（1）生产安全突发事件包括以下内容：

1）人身伤亡事故（重伤及以上）、因发电企业责任引起的电网事故、设备事故、环境污染事故和生产火灾事故。

2）事件本身比较敏感或发生在敏感地区、敏感时间或可能演化为重大以上生产人身伤亡事故、电网事故、设备事故、环境污染事故和生产火灾事故的信息。

3）企业所在地发生重大自然灾害，可能导致重大以上生产人身伤亡事故、电网事故、设备事故、环境污染事故和火灾事故的信息。

4）对社会造成重大影响的生产安全事件信息。

（2）日常安全管理信息包括一类障碍、安全简报、安全工作总结及其他上级要求报送的安全信息。

二、信息报告原则

（1）准确、及时。

（2）事件的发生单位是信息报告的责任主体。

（3）生产安全突发事件即时报告，时间最迟不得超过 1h。

三、即时报告

（1）即时报告应包括以下内容：

1）事件发生的时间、地点、单位及事件现场情况。

2）事件发生的简要经过、影响范围、伤亡人数、直接经济损失的初步估计；设备损坏和电网停电影响的初步情况。

3）事故原因的初步判断。

4）事件发展趋势和已经采取的措施。

5）信息报告人员的联系方式。

（2）采取书面报告（参见附录 E）和电话报告两种方式。紧急情况下可先通过电话口头报告，再书面报告。

（3）企业发生生产安全突发事件应上报公司相关部门及所在地政府相关部门。建设项目或外包工程发生一般及以上人身死亡事故，乙方上报事故信息后，甲方也应上报，并与乙方保持一致。

（4）事故报告后出现新情况的，应当及时补报。

1）自事故发生之日起 30 日内，事故造成的伤亡人数发生变化的，应当及时补报。

2）生产火灾事故发生之日起 7 日内，事故造成的伤亡人数发生变化的，应当及时补报。

（5）企业所在地发生重大自然灾害后，应在每日 16 时前以传真或电子邮件方式，报送自然灾害对生产的影响情况及企业抗险救灾工作情况，直到自然灾害基本消除为止。

（6）企业所在地发生对社会造成重大影响的生产安全事件后，应在每日16时前以传真或电子邮件方式，报送事件处理情况，直到事件影响基本消除为止。

四、日常安全管理信息报告

（1）机组发生非计划停运，应立即汇报上级单位生产部，第二日9时前，以书面形式将事件经过、原因、防范措施上报上级单位生产部。

（2）每月5日前上报本企业《安全简报》。

（3）春秋季安全检查总结、各类专项安全检查总结、安全生产月活动总结在规定时间内，通过综合安全生产信息系统上报上级单位安全环保部。

第四节 反违章管理

违章是指违反规程、安全管理制度等的行为，如违反《电业安全工作规程》《两票标准》《运行规程》《检修规程》《二十五项反措》等。

一、原则

（1）严禁违章指挥、违章作业、违反劳动纪律。
（2）无后果追责，有后果从重。
（3）全覆盖、严执法、零容忍、重实效。
（4）全员参与。

二、理念

（1）违章就是事故。
（2）安全生产取决于现场的每个人。

三、责任分工

（1）各个部门、车间、班组是反违章工作的责任主体。
（2）安全监督部门是反违章工作的监督部门。

四、管理方法

（1）制定反违章管理办法。制度应明确各级人员反违章职责、违章行为标准、奖惩标准等内容。

（2）无违章班组。开展创建"无违章班组"、党员身边无事故等活动。

（3）违章积分。建立违章积分制度，明确违章分级、分类、分值、积分及后果等，建立人员积分台账。

（4）违章行为曝光。通过《安全简报》、信息平台、曝光台、内部闭路电视、厂报、微信群等手段，对违章行为曝光。

（5）违章模拟事故分析。主要从类别、性质、频次、危害程度等多维度分析违章成因，量化考核违章可能造成的后果及处罚和处理情况。

（6）安全培训。

1）内容：企业安全管理要求、《安规》《运规》《检规》为重点。

2）对象：重点是一线员工、工作负责人、监护人、班组长、外包人员。

3）班前、班后会以作业风险点分析与控制（三讲一落实）为重点、日常工作以"两票三制"执行到位为重点、安全日活动以"违章模拟事故分析"为重点。

（7）违章考核。按照"无后果追责，有后果从重"原则，对违章行为落实考核。

第五节　隐患排查治理

安全生产事故隐患（以下简称隐患）是指企业违反安全生产法律法规、标准规程和安全生产管理制度，或者其他因素存在可能导致事故发生的人的不安全行为和物的不安全状态。建立隐患排查治理长效机制，可以有效预防和减少事故。

一、责任分工

（1）企业主要负责人对本单位隐患排查治理工作全面负责。

（2）企业副职对分工范围内隐患排查治理工作全面负责。

（3）部门（车间）是隐患排查治理的责任主体，对所管范围内的隐患排查治理工作全面负责。

（4）安全监督部门重点监督隐患排查问题的整改。

二、排查内容

（1）安全监督部门重点负责以下工作：

1）组织综合性安全检查；

2）组织季节性安全检查，如春季安全检查、秋季安全检查等；

3）组织专项安全检查，如防汛检查、防火检查等；

4）安全监督人员现场隐患排查重点是威胁人身安全隐患、两票执行情况、安全设施的安全可靠情况、现场违章情况、《三措两案》落实情况、高风险作业安全措施落实情况、有限空间作业安全措施落实情况、重大危险源、职业卫生设施、消防设施、防汛设施、临时用电、安全警示标识等。

（2）设备管理部门重点负责排查工作票执行情况、设备设施、安全设施、消防设施、职业卫生设施、防汛设施、安全监测报警装置、特种设备、重大危险源、发包工程、高风险作业、有限空间作业、建构筑物、防雷设施、临时用电等方面隐患。

（3）运行管理部门通过运行人员巡回检查、参数分析等，重点对"两票三制"执行情况、设备设施、安全设施、消防设施、职业卫生设施、防汛设施、安全监测报警装置、重大危险源等方面隐患进行排查。

三、排查形式

隐患排查最主要的形式是运行人员的巡回检查和点检人员的巡回检查。

其他隐患排查形式还有日常隐患排查、定期隐患排查、专项隐患排查等。

（1）日常隐患排查指运行人员班中巡回检查和交接班检查，点检人员的巡回检查，部门（车间）领导、专业技术人员的经常性检查。

（2）定期隐患排查是各种定期（预防性）检查、试验、化验等，每年定期开展的危险源评估、安全风险评估，季节性安全大检查（春检、秋检、"安全生产月"活动等），法定节假日的安全检查。

（3）专项隐患排查是国家、行业或地方、上级要求和企业根据自身需要组织的安全检查，以及重大政治活动前组织的专项检查。

四、隐患治理

（1）部门（车间）是隐患治理的责任主体。

（2）归口管理原则：

1）设备管理部的负责设备隐患治理。

2）发电管理部的负责运行管理隐患治理。

3）安全监督部门重点监督威胁人身安全隐患、火灾隐患等的治理。

（3）人身隐患立即整改。

（4）不能整改的隐患必须制定防范措施。

（5）查出隐患录入缺陷管理系统或问题库。

第六节 安 全 培 训

企业要加强和规范安全培训工作，提高从业人员安全素质，减轻职业病危害，防范事故发生。

一、责任分工

（1）企业行政正职是安全培训的第一责任人。

（2）人力资源部门是培训的归口管理部门。

（3）安全监督部门是安全培训的具体组织部门，负责完成厂（公司）级安全教育。

（4）部门（车间）、班组是日常安全教育的责任主体，负责员工二、三级安全教育及外包队伍的二、三级安全教育。

二、管理要求

安全监督部门制定安全培训管理制度，编制年度安全培训计划；开展安全培训并满足时间要求（参见附录 F），建立员工安全培训档案。

三、应进行安全教育培训的情况

下列情况应进行安全教育培训：

（1）生产人员（含新入厂毕业生、复转军人、调入人员等）新入职，应接受安全教育培训。

（2）主要岗位值班人员离开运行岗位 30 天及以上的，或一般岗位值班人员离开运行岗位 90 天及以上的，应接受安全教育培训。

（3）调整工作岗位人员，应接受安全教育培训。

（4）采用新工艺、新技术、新设备、新材料，相关岗位人员应接受安全教育培训。

（5）企业发生人身死亡事故，其主要负责人和安全生产管理人员应当重新参加安全培训。

（6）特种作业人员对造成人员死亡的生产安全事故负有直接责任的，应当按照《特种作业人员安全技术培训考核管理规定》重新参加安全培训。

四、三级培训

新入职生产人员（含新入厂毕业生、复转军人、调入人员等）应进行企业、车间、班组三级安全培训教育。

五、取证要求

（1）企业主要负责人和安全生产管理人员应取得《生产经营单位从业人员安全培训合格证书》。

（2）下列人员应取得《资格证》：

1）特种作业人员应取得《特种作业操作资格证》。特种作业包括：

a. 电工作业（不含电力系统进网作业）。

b. 焊接与热切割作业。

c. 高处作业。

d. 冶金（有色）生产安全作业。

e. 危险化学品安全作业，指从事危险化工工艺过程操作及化工自动化控制仪表安装、维修、维护的作业。含合成氨工艺作业、加氢工艺作业、聚合工艺作业、烷基化工艺作业、化工自动化控制仪表作业等。

2）特种设备作业人员应取得《特种设备作业人员资格证》。特种设备包括：

a. 特种设备相关管理（含特种设备安全管理负责人、特种设备质量管理负责人、锅炉压力容器压力管道安全管理、电梯安全管理、起重机械安全管理等）。

b. 锅炉作业（含锅炉司炉、锅炉水质处理、锅炉能效作业等）。

c. 压力容器作业（含固定式压力容器操作、移动式压力容器充装、氧舱维护保养）。

d. 气瓶作业（含永久气体气瓶充装、液化气体气瓶充装、溶解乙炔气瓶充装、液化石油气瓶充装、车用气瓶充装）。

e. 压力管道作业（含压力管道巡检维护、带压封堵、带压密封）。

f. 电梯作业（含电梯机械安装维修、电梯电气安装维修、电梯司机）。

g. 起重机械作业（含起重机械安装维修、起重机械电气安装维修、起重机械指挥、桥门式起重机司机、塔式起重机司机、门座式起重机司机、缆索式起重机司机、流动式起重机司机、升降机司机、机械式停车设备司机）。

h. 场（厂）内专用机动车辆作业（含车辆维修、叉车司机、搬运车牵引车推顶车司机等）。

i. 安全附件维修作业（含安全阀校验、安全阀维修）。

j. 特种设备焊接作业（含金属焊接操作、非金属焊接操作，按《特种设备焊接操作人员考核细则》执行）。

3）电力系统进网作业电工。

4）从事辐射工作人员。

5）科研试验人员进入生产现场必须持有《安全生产教育培训证》。

6）其他从业人员，包括与生产有关的所有人员，需企业组织培训并取得安全培训合格证。

第七节 票 证 管 理

票证是规范危险作业，保证危险作业各项防范措施有效落实，加强监督和追溯的有效手段。

一、基本原则

（1）分级管理、逐级负责。

（2）危险作业必须履行许可手续。

（3）现场作业必须做到100％开票，安全措施必须100％执行，力争标准票覆盖率达到100％。

二、责任分工

（1）设备管理部门是工作票的归口管理部门。

（2）运行管理部门是操作票的归口管理部门。

（3）安全监督部门是票证管理的监督部门。

（4）车间、运行值（单元）、班组、维护项目部是票证管理的责任主体，应对下列事项负责：

1）对无票作业负责。

2）对工作票安全措施的可靠性负责。

3）对工作负责人和工作班成员是否满足工作要求负责。

4）对工作票使用种类是否正确负责。

5）对两票的执行情况进行动态检查，包括：工作票安全措施是否正确执行、是否进行安全交底、工作负责人是否擅自离开现场、工作班成员是否变动、是否扩大工作范围、是否存在违章行为、高风险作业是否履行相关手续、高风险作业安全措施是否落实、应急保障措施和物资是否到位等。

（5）工作负责人应对下列事项负责：

1）现场的安全管理。

2）现场的安全监护。

3）对所填写工作票的安全措施负责。

4）对工作班成员是否胜任负责。

5）履行许可手续时，与工作许可人共同核对安全措施。

6）开工前对工作班成员进行现场安全交底，主要内容是：

a. 工作任务。

b. 安全风险。

c. 《三措两案》的安全措施，工作票的安全措施、危险点分析及控制措施。

7）临时离开现场指定能胜任的工作班成员担任临时工作负责人，并向其他工作班成员交代清楚。离开现场 2h 以上履行工作负责人变更手续。

8）工作班成员变更履行相关手续，并对新增工作班成员进行安全交底。

9）高风险作业的工作负责人原则上不得变更。

10）每次开工前核对安全措施。

11）设备试运应履行以下职责：

a. 是否具备试运条件。

b. 履行试运手续。

c. 负责试运过程中现场安全管理。

d. 试运不合格，重新执行工作票安全措施后，与工作许可人逐一核对安全措施。

12）恢复现场安全设施，人员撤离现场后，履行结票手续。

（6）点检员应对下列事项负责：

1）对无票作业负责。

2）对工作负责人能否胜任负责。

3）对工作票安全措施的可靠性负责。

4）对工作票的执行情况进行动态检查，包括：工作票安全措施是否正确执行、是否进行安全交底、工作负责人是否擅自离开现场、工作班成员是否变动、是否扩大工作范围、是否存在违章行为、高风险作业是否履行相关手续、高风险作业安全措施是否落实、应急保障措施和物资是否到位等。

5）设备试运主要履行以下职责：

a. 是否具备试运条件。

b. 试运是否合格。

6）工作结束后是否恢复安全设施。

（7）运行人员应对下列事项负责：

1）正确执行工作票安全措施，必要时补充安全措施并正确执行，确保现场安全可靠隔离。

2）对无票作业负责。

3）是否扩大工作范围。

4）是否擅自变动安全措施。

5）设备试运应履行以下职责：

a. 是否具备试运条件，重点核对设备试运是否威胁其他系统和检修作业人员安全。

b. 履行试运手续。

c. 试运前确认相关人员已撤离。

d. 恢复工作票安全措施。

e. 负责试运操作。

f. 试运不合格，重新执行工作票安全措施。

6）工作结束后是否恢复安全设施。

7）对工作票使用种类是否正确、高风险作业是否履行相关手续、高风险作业相关措施是否落实到位等负责。

8）对工作票签发人、工作负责人是否具备"四种人"资格负责。

三、风力发电企业工作票

风力发电企业工作票应本着切实可行、减少环节、提高效率原则，建议使用《风机维护检修工作票》（参见附录 G），并遵守以下安全管理要求：

（1）使用风机维护检修工作票的目的是保证在风机上工作的安全，防止发生人身事故和设备损坏。

（2）风机维检许可人是针对风机的日常维护消缺专门设立的许可权限，只可由企业审批许可的人员担任。

（3）风机维护检修工作票中许可人由风机维护检修许可人或工作许可人担任。

（4）风机维护检修工作票由工作负责人填写，工作签发人审核、签发。

（5）一份风机维护检修工作票中，工作票签发人、工作负责人和风机维护检修许可人不可相互兼任。

（6）同一台风机上处理多个故障，在安全措施满足当前工作的条件下，可使用一张风机维护检修工作票。

（7）在危及人身的紧急情况下，有权无票处置。在危及设备安全的紧急情况下，经值长许可后，可以没有工作票即进行处置，事后必须将采取的措施和原因记在运行日志上。

（8）对于风机维护检修工作票，安全监督部门履行同工作票相同的监督职能。

四、各企业应建立不使用工作票和操作票的作业清单

火电企业及风电企业不需要使用工作票、操作票作业清单（参见附录 H）。

第八节　应　急　管　理

为提高对突发事件的应对能力，有效控制事故损失，必须加强应急管理。

一、原则

（1）预防为主、以人为本、统一领导、分级管理、快速反应。
（2）重点是提高员工岗位应急能力。
（3）管生产必须管应急。
（4）生产调度和应急指挥一体化管理。

二、责任分工

（1）实行行政正职负责制。

（2）安全监督部门是应急管理归口管理部门，负责：

1）组织编制（修订）应急预案。

2）组织应急预案的评审或论证。

3）负责应急预案的备案。

4）组织制定应急演练计划并监督实施。

5）监督做好应急物资准备。

6）危急事件的报告。

（3）安全监督部门负责组织综合性演练，部门（分厂）、值、水电站、风场、光伏电站负责组织《专项预案》的演练，车间（区队、班组）负责组织《现场处置方案》的演练。

三、应急预案体系

应急预案分为 3 个层次：

《综合预案》：风险种类多、可能发生多种事故类型的，应当组织编制综合应急预案。内容包括应急组织机构及其职责、预案体系及响应程序、事故预防及应急保障、应急培训及预案演练等主要内容，是指导Ⅰ级应急响应的文件，与地方政府《重特大安全生产事故应急预案》等衔接。

发电企业的综合应急预案应符合《电力企业综合应急预案编制导则（试行）》要求。

《专项预案》：对于某一种类的风险，应当根据存在的重大危险源和可能发生的事故类型，制定相应的专项应急预案。内容包括危险性分析、可能发生的事故特征、应急组织机构与职责、预防措施、应急处置程序和应急保障等内容。具体指导Ⅱ级应急响应。

发电企业的专项应急预案应符合《电力企业专项应急预案编制导则（试行）》要求。

《现场处置方案》：对于危险性较大的重点岗位，应当制定重点工作岗位的现场处置方案。内容包括危险性分析、可能发生的事故特征、应急处置程序、应急处置要点和注意事项等内容。作为Ⅲ级应急响应的执行文件。

发电企业的现场处置方案应符合《电力企业现场处置方案编制导则（试行）》要求。

四、应急预案编制的基本要求

（1）应急预案应明确做什么、谁来做、怎么做、何时做、用什么资源做等具体应对措施，提高针对性和可操作性；要合理设计响应分级；文字简洁规范、通俗易懂，建立健全各类应急预案数据库，提高应急预案信息化管理水平。

（2）要符合下列基本要求：

1）符合有关法律法规和规章制度的要求；

2）结合本单位安全生产实际情况；

3）结合本单位的危险性分析情况；

4）应急组织和人员的职责分工明确，措施明确；

5）有明确、具体的应急程序，并与其应急能力相适应；

6）有明确的应急保障措施，并能满足应急工作要求；

7）预案基本要素齐全、完整，预案附件提供的信息准确；

8）预案内容与相关应急预案相互衔接。

（3）应急预案应当包括应急组织机构和人员的联系方式、应急物资储备清单等附件信息。附件信息应当经常更新，确保信息准确有效。

（4）典型应急预案目录表参见附录I，各企业可根据实际情况制定。

五、应急救援

应急救援优先原则：抢救生命优先；防止事故扩大优先；保护环境优先。

六、预警响应分级

各企业预警响应分级原则上分为三级，可根据实际增加或减少预分级。

Ⅰ级响应：防止事态失控，控制对社会的影响。

Ⅱ级响应：控制事态发展，避免事故扩大，稳定与消除。

Ⅲ级响应：快速反应，控制和消除事故于始发阶段。

七、应急培训

（1）培训目的：有关人员了解相关应急预案内容，熟悉应急职责、应急程序和现场处置方案，提高岗位应急能力。

（2）培训内容：预案培训，安全防护知识、个人防护装备使用，事故现场自救互救，消防器材和知识培训，报警程序及安全疏散等。

八、应急演练

（1）安全监督部门要组织制定年度应急预案演计划并监督实施。

（2）演练方式可以选择桌面演练、功能演练、全面演练其中的任何一种，但企业每年选择的全面演练方式不少于 4 次，其中消防类、防全厂停电类、自然灾害类应急预案演练必须纳入其中。

（3）应急预案演练后，应对应急预案演练效果进行评估，及时修订完善。

九、应急预案的修订

（1）应急预案应当至少每 3 年修订一次，修订情况应有记录并归档。

（2）有下列情形之一的，应及时修订：

1）因兼并、重组、转制等导致隶属关系、经营方式、法定代表人发生变化的；

2）生产工艺和技术发生变化的；

3）周围环境发生变化，形成新的重大危险源的；

4）应急组织指挥体系或者职责已经调整的；

5）依据的法律、法规、规章和标准发生变化的；

6）应急预案演练评估报告要求修订的；

7）应急预案管理部门要求修订的。

十、应急预案的评审和公布

（1）安全监督部门组织专家对应急预案进行评审。评审应当形成书面纪要并附有专家名单。

参加应急预案评审的人员应当包括应急预案涉及的地方政府部门工作人员和有关安全生产及应急管理方面的专家。

（2）应急预案评审的重点是应急预案的实用性、基本要素的完整性、预防措施的针对性、组织体系的科学性、响应程序的操作性、应急保障措施的可行性、应急预案的衔接性等内容。

（3）应急预案经评审后，由各基层企业主要负责人签署公布。

十一、应急预案的备案

（1）安全监督部门按要求将综合应急预案和专项应急预案抄送所在地的省、自治区、直辖市或者设区的市人民政府部门备案。同时应抄送所在地的电力监管委员会或派出机构。

（2）应急预案修订后应按报备程序重新备案。

十二、应急准备和预案启动

（1）要做好应急准备工作，确保应急物资及装备处于良好状态。

（2）当运行和设备状况、作业环境、自然环境发出预警信号，有可能发生危急事件时，应启动应急预案并及时上报。

（3）危急事件发生后，要成立指挥机构，指挥危急事件处理工作。

第四章 重点工作

安全生产管理既要抓全面，又要突出重点。关系全局、风险较大、一旦发生事故后果较严重等类型的工作应该作为重点工作来抓。

第一节 高风险作业

高风险作业是指生产现场进行的危险性高、易造成人身伤害、需要采取特殊措施的作业。如有限空间作业、高（超高）处作业、易燃易爆等危险区域动火作业、有毒有害区域作业、带压堵漏作业等。

一、基本原则

（1）尽量避免或减少高风险作业。

（2）尽可能减少参加高风险作业人数。

（3）尽可能缩短高风险作业时间，尽量避免节假日、夜间作业。

（4）尽可能避免作业人员连续疲劳作业。

（5）尽量避免交叉作业。不可避免时，必须指定专人进行现场管理和协调。若作业方为外包队伍时，各方还必须签订安全生产管理协议，确保交叉作业现场安全监管可控在控。

（6）必要时应聘请安全监理单位。

（7）严格履行许可手续和工作票制度。

（8）外包工程实行双工作负责人制。

二、责任分工

（1）安全监督部门负责：

1）组织制定高风险作业管理制度和高风险作业清单（参见附录J）。

2）负责高风险作业《三措两案》中组织措施、安全措施、应急预案的审查。

3）监督高风险作业《三措两案》措施的落实。

4）监督作业过程中有关人员履职到位。

（2）责任部门负责：

1）组织制定、审核高风险作业《三措两案》。

2）组织落实高风险作业《三措两案》或监督外包单位落实高风险作业《三措两案》。

3）组织安全措施验收和作业过程中检查。

（3）生产副职（总工程师）负责高风险作业《三措两案》的审批，开工安全措施验收和作业过程中检查。

三、管理流程

（1）制定高风险作业清单。（参见附录 G，各企业根据实际情况参照执行）

（2）辨识风险，制定《三措两案》并履行审批手续。

1）责任部门根据现场实际情况，制定《三措两案》并经内部审核，由生产副职或总工程师批准。

2）若使用外包队伍，《三措两案》由外包队伍制定并履行内部审批手续，经责任部门审核，由生产副职或总工程师批准。

3）若聘请安全监理，应由监理单位组织双方相关人员审查审定外包队伍制定的《三措两案》并签字确认，上报生产副职或总工程师批准。

（3）安全教育和考试。

1）工作负责人应组织全体作业人员进行安全知识教育，内容以《三措两案》为主。

2）若使用外包队伍，应由责任部门组织工作负责人和作业人员进行安全知识教育，内容以《三措两案》、企业相关安全管理制度为主。

（4）履行许可手续。

许可手续要求如下：

1）一级有限空间作业许可办理《有限空间安全措施票》，不再另行办理《高风险作业许可证》。

2）动火作业构成高风险作业，《动火工作票》经生产副职（总工程师）签字后，不再另行办理《高风险作业许可证》。

3）《高风险作业安全许可证》由工作负责人填写并负责办理，经工作负责人所在单位、设备（维护）部、安全监察部的负责人审查后，由生产副职或总工程师批准。

（5）办理工作票。

高风险作业必须履行许可手续。不办理《高风险作业安全许可证》时，工作许可人有权拒绝作业；当作业条件发生变化或安全措施不能满足作业安全要求时，工作许可人有权停止作业。

（6）交底。

1）工作负责人对作业成员进行现场交底，结合《三措两案》讲任务、讲风险、讲措施，并保留记录。

2）若使用外包队伍，应由责任部门技术人员（点检员或专业主管）对外包队伍的工作负责人、技术人员、安全员等人员进行交底，并保留记录。

（7）安全措施验收。

在开工前，生产副职或总工程师应组织相关部门对安全技术措施的落实情况进行验收并在工作票上背书。

（8）监督检查。

设备管理人员、安全监督人员、总工程师及以上厂级领导必须到现场检查、监督、指导，应将检查情况在工作票上背书，注明姓名和时间。

四、管理要求

（1）工作负责人的要求：

1）应由专业能力强、技术水平高、连续从事相关工作 5 年以上人员担任，必要时可由班组长担任。

2）若使用外包队伍时，第二工作负责人由设备（维护）部、检修公司、项目部指定有工作经验和资格的人员（连续从事相关工作 3 年以上）担任。

3）工作负责人是现场作业的协调者、管理者和旁站监护人。若工作负责人暂时离开时（不得超过两个小时），应指定胜任工作的人员旁站监护，负责现场的安全管理工作。若工作负责人变更，必须征得责任部门主管领导同意，履行变更手续，重新交底。

（2）若是首次进行的作业或首次参加作业人数超过总作业人数的 50%、两次作业间隔超过三个月时，应组织进行应急预案演练。发生事故时，应立即启动预案，严禁盲目施救。

第二节　发包工程安全管理

发包工程包括生产类工程发包、特许经营、劳务派遣。

一、基本要求

发包工程的基本要求如下：

（1）谁发包，谁负责安全管理；

（2）谁使用，谁负责安全监护；

（3）为谁服务，谁负责安全管理；

（4）严禁转包，分包不得超过一次级，并必须征得企业同意。主体工程不得分包。

二、发包部门职责

发包部门职责如下：

（1）负责承包单位资质审查。

（2）监督承包单位编制《三措两案》并履行审核程序。

（3）签订《安全协议》。

（4）二级安全教育并监督班组、车间开展三级安全教育。

（5）建立承包单位人员档案。

（6）安全技术交底。

（7）确定发包方工作负责人，发包方工作负责人可由发包部门、长期项目部或检修车间（队）人员担任。

（8）企业对所发包工程履行现场管理责任。

三、安全监督部门职责

安全监督部门职责如下：

（1）监督发包部门履行资质审查程序，负责资质复审。

（2）监督发包部门《三措两案》履行审核程序，重点负责《三措两案》中组织措施、安全措施、应急预案的复审。

（3）审核《安全协议》并签字。

（4）组织一级安全教育并监督发包部门、班组、车间开展二、三级安全教育。

（5）建立承包单位人员档案。

（6）监督发包部门做好交底工作。

（7）监督《三措两案》措施的落实。

（8）监督作业过程中有关人员履职到位。

（9）监督作业现场的违章行为。

四、发包方工作负责人的职责

按照集团公司要求，除长期外委队伍外，发包工程应实行工作票双负责人制。发包方应设工作负责人，其职责如下：

（1）监督承包方工作负责人履行职责。

（2）监督承包方《三措两案》落实。

（3）对现场作业安全措施是否执行到位负责。

（4）施工人员是否在指定时间和区域内工作负责。

（5）对发包工程履行现场监护责任。

（6）每次开工前核对安全措施。

（7）应急保障措施和物资是否到位。

（8）是否存在违章指挥和违章作业。

（9）协调施工用电、用水、用气等。

（10）不得参加作业。

五、承包方工作负责人的职责

承包方工作负责人应对现场负全面管理责任，其职责如下：

（1）负责作业过程中安全监护。

（2）负责《三措两案》落实。

（3）每次开工前核对安全措施。

（4）负责《危险点分析与控制措施票》中措施的落实。

（5）负责工作班成员正确使用安全防护用品和安全工器具。

（6）掌握工作班成员精神状态和身体状况。

（7）纠正制止作业过程中违章行为。

六、合同履行

生产设备采购合同若有现场安装、维修、调试等相关条款，按照外包工程安全管理执行。

七、安全管理流程

（一）入厂前资质审查

发包部门对承包单位进行资质审查，安全监督部门负责资质复审。承包单位必须提供以下资料：

（1）营业执照、法人代表资质证书、企业安全资质证书等；

（2）施工简历和近三年的安全施工记录；

（3）工程负责人、工程技术人员资格证书；

（4）从事特种作业施工的或施工人员超过 30 人的，提供专职安全监督人员的资格证书；

（5）锅炉压力容器、起重机械施工（安装、改造、维修）危险化学品、建筑施工等"特种作业资格许可证"；

（6）涉及定期试验的施工机具、工器具、安全防护设施、安全用具、安全防护用品等必须具有检验、试验资质部门出具的合格的检验报告或合格证；

（7）特种作业人员的《特种作业操作证》；

（8）施工人员的年龄、身份、健康证明；

（9）为施工人员办理安全生产责任险、工伤保险或购买人身意外伤害险的证明。

（二）安全技术交底

发包部门技术负责人向承包方负责人、技术人员和安监人员进行安全技术交底，分别在安全技术交底卡（参见附录 K）上签字。

（三）《三措两案》

（1）承包单位结合现场实际、安全风险、作业环境特点等情况，编制《三措两案》并内部审查、批准，提交发包部门。

（2）发包部门技术人员审查，部门负责人审核批准。重大施工项目或高风险作业的《三措两案》需经发包部门审查后，由发包方总工程师或生产副职审核批准。组织措施、安全措施、应急预案部分需经安全监督部门审查。

（四）签订安全协议

发包部门与承包单位签订《安全协议书》，双方签字、盖章后需经安全监督部门审查签字、盖章。《工程安全协议书》作为工程合同附件。安全协议应包括：

（1）明确双方安全生产管理的界面、责任和权利；

（2）承包方应遵守发包方的相关安全生产管理制度；

（3）承包方严格执行《三措两案》的承诺；

（4）施工企业在工作中需要由发包方配合完成的工作，需书面提出申请；

（5）建立双方的安全管理协调机制，如协调会议、联合检查等；

（6）发包方对承包方的安全要求；

（7）承包方对发包方的安全要求；

（8）发包企业提出的确保施工安全的组织措施、安全措施和技术措施；

（9）承包企业应制定的有关安全生产、治安、防火等方面的规章制度；

（10）承包企业制定的确保施工安全的组织措施、安全措施和技术措施；

（11）关于事故报告、调查、统计、责任划分的规定；

（12）对施工人员进行安全教育、培训、考核的情况；

（13）发包企业对现场实施奖惩的有关规定。

长期承包的《安全协议书》必须每年重新签订。

（五）签订合同

发包方与承包方签订合同。若因商务等原因无法及时签订合同时，应先签订《工程合同》，后签订《商务合同》。

（六）三级安全教育

（1）安全监督部门应对承包单位人员进行一级（厂级）安全培训教育和考试，并留存试卷。

（2）发包部门应对承包单位人员进行二级（部门、车间级）安全培训教育和考试，并留存试卷。

（3）责任班组应对承包单位人员进行三级（班组级）安全培训教育和考试，并留存试卷。

（4）培训必须结合《三措两案》《安规》《作业指导书》等开展。考试卷应保存一年。

（七）办理工作票

（1）除长期项目部外，外包工程实行双工作负责人制。承包方工作负责人应由有工作经验和安全素质高的人员担任，并经发包方安全监督部门考试合格后批准。

（2）由发包方工作负责人填写工作票安全措施，承包方工作负责人填写《危险点分析与控制措施票》。

（八）许可手续

双方工作负责人与工作许可人共同确认安全措施已正确执行。

（九）现场安全交底

（1）发包方工作负责人重点负责以下事项的交底：

1）准入区域。

2）工作范围。

3）工作票安全措施。

4）周围环境存在的风险。

5）应急措施、逃生路线及应急物资。

（2）承包方工作负责人重点负责以下事项的交底：

1）工作任务。

2）作业风险。

3）作业过程中的安全措施。

4）工作纪律。

5）应急措施。

（十）现场管理

（1）承包方工作负责人和发包方工作负责人按照职责，履行现场管理责任。

（2）发包部门点检员（技术人员）、安全员至少每天到现场检查不少于一次，发包部门负责人至少每三天到现场检查不少于一次，并在工作票背书。

（3）责任车间主任、安全员，责任班组班长、安全员，至少每天到现场检查不少于一次，并在工作票背书。

（4）安全监督部门人员至少每天到现场检查不少于一次，并在工作票背书。

（5）生产领导、总工程师、副总工程师至少每周到现场检查不少于一次，并在工作票背书。

八、管理要求

（1）同一作业区域有两个及以上承包单位，发包部门必须要求双方签订安全生产管理协议，指定专人进行现场检查和协调，确保交叉作业现场安全监管可控在控。

（2）建立外包单位评价制度，建立黑名单。

（3）承包单位的项目负责人、主要技术人员、工作负责人的变更必须征得企业同意，方可更换。

九、特许经营

（1）签订合同时，应明确双方权利和义务，特别是要明确双方安全、环保管理责任界面。

（2）企业将特许经营纳入生产管理体系，实施统一管理，承担二氧化硫、氮氧化物达标排放和总量控制的主体责任。

（3）依据特许经营合同，承担合同规定的义务，享受合同规定的权利。

第三节　安全风险评估

安全风险评估是对企业安全生产管理的全面量化测评。重点发现安全生产面临的威胁，存在的弱点和可能造成的影响，以及产生后果的可能性。

一、责任分工

（1）主要负责人对安全风险评估工作全面负责。

（2）分管生产副职组织实施风险评估和问题整改。

（3）安全监督部门是风险评估的归口管理部门。

（4）部门（车间）负责相关业务的内审，配合外审，落实整改。

二、原则

（1）贵在真实，重在整改，持续改进。

（2）风险评估整改重在落实责任制。

（3）重点是管理问题的整改。

（4）风评整改计划纳入年度、季度、月度、周工作计划。

（5）每一条问题的整改必须明确责任部门、责任人负责监督问题整改。

三、形式

（1）风险评估分企业内审和专家外审两种形式。

（2）企业的内审每年至少全面开展一次，每三年组织一次全面外审。

四、风评流程

（一）企业内审

（1）安全监督部门组织内审人员学习风险评估标准和工作手册；

（2）成立风评内审领导小组，下设专业组；

（3）开展评审；

（4）专业组提交报告；

（5）安全监督部门完成整体内审报告；

（6）组长牵头制定整改计划，并以正式文件印发并录入问题库。

（二）专家外审

（1）根据外审计划提前组织内审，并提交内审报告；

（2）召开外审启动会，明确专业联络员；

（3）外审专家开展评审；

（4）召开外审总结会；

（5）企业主要负责人牵头制定整改计划，以正式文件印发并录入问题库。

五、问题整改

（一）基本要求

（1）各单位行政正职是本单位风评整改工作第一责任人。

（2）人身安全隐患和重大设备隐患必须立即整改。

（3）管理问题必须在一个季度内整改完成。

（4）不能立即整改的问题，应制定防范措施和应急预案。

（5）一般问题整改项目坚持二级验收，即专业组长验收和责任部门负责人验收；重点问题整改项目坚持三级验收，即专业组长验收、责任部门负责人和整改领导小组验收（组长或常务副组长）。

（6）风评整改下发的文件、制定的措施方案、安评整改会议纪要、整改后的照片、图纸等应挂到问题库的相关栏内或妥善保存。

（二）职责分工

各企业应成立由行政正职任组长、生产副职任常务副组长的风评整改领导小组，下设各风评整改专业组。风评整改实行"组长负责制"及"谁整改谁负责，谁验收谁负责"的原则。

（1）风评整改领导小组负责组织制定风评整改计划，监督落实并对整改完成情况检查考核；对重大整改项目进行验收；批准风评整改延期申请。

（2）风评整改专业组负责组织制定本专业整改计划，并录入问题库；对本专业整改项目进行专业验收。协调整改过程中遇到的问题。

（3）安全监督部门负责汇总各专业风评整改计划；监督整改计划的落实；负

责安全管理问题的整改，监督劳动安全与作业环境问题的整改。

（4）整改项目责任人负责按整改计划完成项目整改；负责提出申请验收、申请延期、申请暂缓或不整改等工作。

第四节　危险化学品重大危险源安全监督

危险化学品重大危险源（简称"重大危险源"）是指长期或者临时生产、加工、使用或者储存危险化学品，且危险化学品的数量等于或超过临界量的单元（参见附录L）。

一、责任分工

（1）设备管理部门是重大危险源归口管理部门。负责重大危险源的辨识、评估、分级、建档、检测、备案和隐患治理等日常管理工作。

（2）安全监督部门是重大危险源的监督管理部门。负责监督各部门及车间（区队）对重大危险源管理的履职情况，督促危险化学品重大危险源隐患的整改。

（3）部门、车间（区队）是重大危险源管理的责任主体。部门、车间（区队）管理人员、运行人员、点检员（或）对重大危险源负现场管理责任。

（4）点检员是重大危险源专责人。

二、日常监督管理

（一）辨识
（1）重大危险源辨识由总工程师组织，设备管理部门具体负责。
（2）重大危险源辨识在项目投产前进行。
（3）辨识依据：《危险化学品重大危险源辨识》（GB 18218—2009）。
（4）企业进行涉及危险化学品的改、扩建及技术改造时要进行辨识。
（二）分级
重大危险源按危险程度分为四个等级。一级危险程度最高。
（三）评估
（1）重大危险源每三年总工程师组织，设备管理部门负责按照评估标准开展重大危险源的评估工作。其中，构成一级或者二级重大危险源，且毒性气体实际存在（在线）量与其在《危险化学品重大危险源辨识》中规定的临界量比值之和大于或等于1的；或构成一级重大危险源，且爆炸品或液化易燃气体实际存在（在线）量与其在《危险化学品重大危险源辨识》中规定的临界量比值之和大于或等于 1 的，应当委托具有相应资质的安全评价机构，采用定量风险评价方法进行安全评估，确定个人和社会风险值。

（2）重大危险源或者评估标准发生变化时，应在一个季度内完成评估。

（四）评估内容

危险化学品重大危险源安全评估报告应包括下列内容：

（1）评估的主要依据；

（2）重大危险源的基本情况；

（3）事故发生的可能性及危害程度；

（4）个人风险和社会风险值（仅适用定量风险评价方法）；

（5）可能受事故影响的周边场所、人员情况；

（6）危险化学品重大危险源辨识、分级的符合性分析；

（7）安全管理措施、安全技术和监控措施；

（8）事故应急措施；

（9）评估结论与建议。

（五）重新辨识评估

有下列情形之一的，应当对危险化学品重大危险源重新进行辨识、安全评估及分级：

（1）危险化学品重大危险源安全评估已满三年的；

（2）构成危险化学品重大危险源的装置、设施或者场所进行新建、改建、扩建的；

（3）危险化学品种类、数量、生产、使用工艺或者储存方式及重要设备、设施等发生变化，影响重大危险源级别或者风险程度的；

（4）外界生产安全环境因素发生变化，影响危险化学品重大危险源级别和风险程度的；

（5）发生危险化学品事故造成人员死亡，或者 10 人以上受伤，或者影响到公共安全的；

（6）有关危险化学品重大危险源辨识和安全评估的国家标准、行业标准发生变化的。

（六）建档

设备管理部门根据辨识、评估、分级结果，建立或更新重大危险源档案。

（七）备案

安全监督部门对构成的重大危险源及时报地方政府主管部门备案；对于已不再构成重大危险源的，应及时向地方政府主管部门提出报告，予以注销。

（八）维护、检测

（1）重大危险源的安全设施和安全监测监控系统应进行经常性维护并定期检测、检验。

安全设施包括泄放设施、通风设施、导除静电设施等，也包括构成安全监测监控系统的设备设施。

安全监测监控系统包括温度、压力、液位、流量、组分等信息的不间断采集和监测系统；具备信息远传、连续记录、事故预警、信息存储等功能的可燃气体和有毒有害气体泄漏检测报警装置；一级或者二级重大危险源的紧急停车系统；毒性气体的泄漏物紧急处置装置等设备设施。

（2）记录的电子数据的保存时间不少于 30 天。

（九）应急

（1）编制重大危险源事故应急预案，建立应急救援组织，配备防护器材、设备、物资。

（2）编制应急预案演练计划，专项应急预案每年至少进行一次演练，现场处置方案每半年至少进行一次演练。

（3）演练后编制应急预案演练评估报告。

（十）隐患治理

（1）检测评估完成后，由总工程师组织，设备管理部门负责对发现的问题制定整改计划，并及时录入问题库，实现在线管理。

（2）安全监督部门应监督重大危险源整改情况，定期进行核查，利用《安全简报》通报整改情况。

（十一）监督管理

（1）重大危险源应列入本企业重点保卫部位和重点防火部位，现场设置明显标志，写明紧急情况下的应急处置办法，必要时应设警戒线或防护隔离措施。

（2）安监部门每年完成一期《重大危险源监督报告》。

第五章 专 项 工 作

第一节 特种设备安全监督

特种设备是指涉及生命安全、危险性较大的锅炉、压力容器（含气瓶，下同）、压力管道、电梯、起重机械、客运索道、大型游乐设施和场（厂）内专用机动车辆。

特种设备作业人员指特种设备的作业人员及其相关管理人员。特种设备作业人员应当经地方技术监督部门考核合格，取得国家统一格式的特种设备作业人员证书。

一、责任分工

（1）设备管理部门是特种设备归口管理部门，负责建立特种设备安全管理制度；负责特种设备的购置，验收，登记，建档，日常维护保养，定期检验，安装、改造、维护以及报废等管理工作。

（2）安全监督部门是特种设备安全监督管理部门，重点监督特种设备安全管理责任制等各项管理制度落实。

（3）人力资源部是特种作业人员管理部门，负责组织特种设备作业人员培训，确保特种设备作业人员持证上岗。

（4）下列人员应对特种设备安全管理负领导、技术、监督和现场管理责任：

1）行政正职、生产副职、设备管理部门负责人对特种设备安全管理负领导责任；

2）总（副总）工程师、设备管理部门及发电管理部门技术人员对特种设备负技术责任；

3）安全监督部门对特种设备安全管理负监督责任；

4）点检员、运行人员、工作负责人、特种设备作业人员对特种设备负现场管理责任。

二、日常管理

（一）购置

必须购置取得生产许可的单位生产，且符合安全技术规范要求的特种设备。

购置的特种设备出厂时，必须附有安全技术规范要求的设计文件、产品质量合格证明、安装及使用维修保养说明、监督检验证明等文件。

（二）验收

特种设备到货后，设备管理部门组织验收。要确保该特种设备是具有资质单位制造并经检验合格；有关安全技术资料齐全，说明书、合格证齐全。

（三）登记

特种设备在投入使用前或者投入使用后 30 日内，设备管理部门应当向直辖市或者设区的市的特种设备安全监督管理部门登记。登记标志应当置于或者附着于该特种设备的显著位置。

（四）建档

设备管理部门应做好特种设备资料建档工作，要保证以下技术、管理资料齐全：

（1）特种设备的设计文件、制造单位、产品质量合格证明、使用维护说明等文件以及安装技术文件和资料；

（2）定期检验和定期自行检查的记录；

（3）日常使用状况记录；

（4）特种设备及其安全附件、安全保护装置、测量调控装置及有关附属仪器仪表的日常维护保养记录；

（5）运行故障和事故记录；

（6）高耗能特种设备的能效测试报告、能耗状况记录以及节能改造技术资料。

（五）日常维护保养

设备管理部门要做好特种设备的日常管理工作，特别是日常维护保养工作。

（1）对在用特种设备应当至少每月进行一次自行检查和日常维护保养，并做好记录。发现异常情况的，应当及时处理。

（2）对在用特种设备的安全附件、安全保护装置、测量调控装置及有关附属仪器仪表进行定期校验、检修，并做出记录。

（3）电梯的日常维护保养必须由取得许可的安装、改造、维修单位或者电梯制造单位进行。电梯应当至少每 15 日进行一次清洁、润滑、调整和检查。

（六）定期检验

设备管理部门按照定期检验要求，在安全检验合格有效期届满前 1 个月向特种设备检验检测机构提出定期检验要求。

设备管理部门应安排专职人员协调、配合，确保定期检验工作不漏检。

未经定期检验或者检验不合格的特种设备，不得继续使用。

（七）安装、改造与维修

设备管理部门要特别加强特种设备的改造、维修等管理工作。

（1）特种设备的改造、维修必须由取得省、自治区、直辖市特种设备安全监督管理部门许可的单位进行。

（2）特种设备安装、改造、维修的施工单位应当在施工前书面告知直辖市或者设区的市的特种设备安全监督管理部门，告知后方可施工。

（3）特种设备安装、改造、重大维修过程，必须经有资质的检验检测机构监督检验，未经监督检验合格的不得交付使用。

（4）安装、改造、维修竣工后，施工单位应当在验收后30日内将有关技术资料移交使用单位。使用单位应当将其存入该特种设备的安全技术档案。

（5）电梯的安装、改造、维修，必须由电梯制造单位或者其通过合同委托、同意的取得许可的单位进行。电梯制造单位对电梯质量以及安全运行涉及的质量问题负责。

电梯制造单位委托或者同意其他单位进行电梯安装、改造、维修活动的，应当对其进行安全指导和监控。电梯的安装、改造、维修活动结束后，电梯制造单位应对电梯进行校验和调试，并对校验和调试的结果负责。

（八）报废

特种设备存在严重事故隐患，无改造、维修价值，或者超过安全技术规范规定使用年限，设备管理部门应当及时办理报废手续，并向原登记的特种设备安全监督管理部门办理注销。

第二节　起重设备安全管理

一、责任分工

（1）设备管理部门是起重设备的归口管理部门。负责起重设备的日常管理、技术管理，负责建立健全起重设备管理制度和操作规程，负责起重设备选购、验收、安装、改造、维护、检验、使用以及报废等全过程管理工作。

（2）安全监督部门是起重设备管理的监督部门，重点监督起重设备责任制的落实及日常管理，确保起重设备安全可靠。全过程监督起重设备选购、验收、安装、改造、维修、检验、使用、报废管理，监督设备管理部门建立起重设备清册。

（3）人力资源部是起重设备作业人员的管理部门，负责组织起重设备作业人员的培训，确保起重设备作业人员持证上岗。

（4）下列人员应对起重设备安全管理负领导、技术、监督和现场管理责任：

1）行政正职、生产副职、设备管理部门负责人对起重设备管理负领导责任；

2）总（副总）工程师、设备管理部门相关技术人员对起重设备管理负技术责任；

3）安全监督部门对起重设备管理负监督责任；

4）点检员（或起重设备专责人）、操作人员、维护保养人员对起重设备管理负现场管理责任。

二、起重设备分类

起重设备分为起重机械和起重机具：

（1）起重机械包括桥式起重机械、流动式起重机械、塔式起重机械、门式起重机械、门座式起重机、缆索式起重机、桅杆式起重机、升降机、机械式停车设备等。

（2）起重机具包括钢丝绳、纤绳、吊环、卡环、链条葫芦、千斤顶、滑轮、吊钩、卷扬机、铁链、绳卡、卸卡等。

三、起重作业人员

（1）起重作业人员及其相关管理人员，必须取得特种设备作业人员证书。证书每4年复审一次，离开特种设备作业岗位6个月以上的人员，应重新进行实际操作考核，确认合格后方可上岗。

（2）人力资源管理部门应建立起重设备作业人员清册，并组织进行安全技术培训。

四、日常管理

（一）选购

（1）设备管理部门负责起重机械的选定。

根据工作需要，选购特种设备安全监督管理部门许可生产并经监督检验合格的产品。

（2）使用单位负责起重机具的选购。

选购的起重机具必须是由取得国家有关部门颁发的生产许可证的企业生产的经过检验合格的产品。必要时，在采购前进行样品抽检。

（3）安全监督部门监督起重机械和起重机具的选购。

（二）验收

（1）设备管理部门负责组织起重机械的验收。

对购置的起重机械组织入厂验收，确保产品质量及性能符合要求，相关安全技术规范文件齐全。

（2）使用单位负责起重机具的验收。

入厂后，要组织验收，核对厂家、合格证，并统一建档编号。

（3）安全监督部门监督起重机械和起重机具的验收。

（三）安装（改造、维修、拆卸）

（1）设备管理部门负责审核承接起重机械安装、改造、维修的单位和人员的资质，安全监督部门复审。

承接起重机械安装、改造、维修的单位必须取得安装、改造、维修许可，承接安装工作单位须具有安装相应起重量的安装经验，承接改造工作单位须具有相应类型和级别的起重机械制造能力。

（2）设备管理部门与承接安装、改造、维修的单位签订工程合同、安全技术协议、《三措两案》，并进行安全技术交底。《三措两案》应经设备管理部门审核、安全监督部门复审，总工程师（或主管生产领导）批准。

（3）承接安装、改造、维修的单位，在施工前应完成以下工作：

1）书面告知。承接安装、改造、维修的单位应当按照规定向企业所在地质量技术监督部门告知。

对流动作业并需要重新安装的起重机械异地安装时，应当按照规定向施工所在地的质量技术监督部门办理安装告知。

2）申请监督检验。承接安装、改造、维修的单位应当向施工所在地的检验检测机构申请监督检验。

（4）施工管理。

1）设备管理部门要做好施工管理工作。

2）新购置起重机械安装时，设备管理部门负责审查安装过程中隐蔽工程验收记录、自检报告等是否符合要求。

3）施工应接受地方监督检验部门的监督。

（5）设备管理部门组织起重机械安装、改造、维修后的验收工作。

1）新购置起重机械安装完毕后，设备管理部门要监督安装单位进行全面自检和运行试验、载荷试验，合格后，申报特种设备检验检测机构进行安装验收。验收合格并取得《安全使用许可证》后，方可投入使用。

经过大修或改造的起重机械，在交付使用前必须进行试验检验，检验合格并重新取得《安全使用许可证》后，方可投入使用。

2）起重机械验收合格后 30 日内，设备管理部门负责将安装、改造、维修资料归档。

3）临时安装的起重机械必须进行试验。临时安装的大型起重机械（如炉内吊架）必须经特种设备检验检测机构进行安装验收合格方可使用。

（6）起重机械的拆卸应由具有相应安装许可资质的单位实施。

（四）登记备案

（1）起重机械在投入使用前或者投入使用后 30 日内，设备管理部门负责到地方政府有关部门办理使用登记。

流动作业的起重机械，到产权单位所在地的政府有关部门办理使用登记。

（2）起重机械产权变更或报废，设备管理部门负责办理使用登记注销手续。

（五）建档

（1）设备管理部门负责建立健全起重机械台账和技术档案，并及时更新。起重机械安全技术档案主要包括：

1）全厂起重设备清册；

2）出厂相关文件；

3）安全保护装置试验合格证；

4）日常点检、使用、维护保养记录；

5）运行故障和事故记录；

6）定期检验记录；

7）使用登记证明。

（2）起重机具使用单位专（兼）职安监人员负责建立起重机具台账和安全技术档案。

（六）使用

起重设备的使用必须坚持"谁使用谁负责"的原则，要严格遵守起重作业操作规程，并要做到：

（1）起重设备使用单位，应当根据情况配备专（兼）职的安监人员。

安监人员应对起重设备使用状况进行经常性检查，发现问题的应当立即督促处理；情况紧急时，可以决定立即停止使用起重设备。

（2）起重设备操作人员和指挥人员必须持证上岗，严禁无证操作、指挥。

（3）起重机械须配备符合安全要求的索具、吊具，加强日常安全检查和维护保养，保证索具、吊具安全使用。

（4）产权变更的起重机械应符合以下要求，方可投入使用：

1）具有原使用单位的使用登记注销证明；

2）具有新使用单位的使用登记证明；

3）具有完整的安全技术档案；

4）监督检验和定期检验合格。

（5）起重机械出现故障或者发生异常情况，应当停止使用，对其全面检查、消除故障和事故隐患后，方可重新投入使用。

（七）日常维护保养

设备管理部门负责起重设备的日常维护保养工作，确保起重设备的安全可靠。

（1）对长期外委项目部及外包工程配备的起重设备，必须实施一体化管理。

设备管理部门负责对外委项目部或外包工程使用的起重设备制造许可证、产品质量合格证、监督检验证明、注册登记证明、年检合格证书及特种作业人员资格证书等文件进行审核，安全监督部门复审。

（2）起重设备应根据工作繁重程度和环境恶劣的程度确定检查周期，经常性检查和维护保养至少每月进行一次，全面检查至少每年一次，并做好记录。发现异常及时处理。

（3）起重设备承租使用时，在承租使用期间，承租单位负责对起重机械进行日常维护保养并记录，对承租起重设备的使用安全负责。

（4）禁止承租未登记的、无完整安全技术档案的、未进行监督检验或者定期检验不合格的起重设备。

（八）检验检测

1. 试验

下列情况，必须进行试验：

（1）正常工作的起重机械，每两年进行一次。

（2）新安装、经过大修或改造的起重机械，在交付使用前。

（3）闲置时间超过一年的起重机械，在重新使用前。

（4）经过暴风、地震、重大事故后，可能使起重设备的稳定性、机构的重要性能受到损害的，在重新使用前。

2. 定期检验

（1）塔式起重机、升降机、流动式起重机、吊运熔融金属和炽热金属的起重机每年检验一次，其他起重机械每两年检验一次。

（2）定期检验由地方质量技术监督部门进行。在定期检验有效期届满 1 个月前，设备部负责向地方质量技术监督部门提出定期检验申请。

（3）流动作业的起重机械异地使用的，应当按照检验周期等要求向使用所在地检验检测机构申请定期检验，将检验结果报登记部门。

（4）不包含在《特种设备目录》中的起重设备，登记部门应建立台账，由检验检测机构定期检验。

（九）报废

（1）起重机械有下列情形之一的，设备管理部门和安全监督部门应联合出具报废鉴定证明，予以报废并采取解体等销毁措施：

1）存在严重事故隐患；

2）达到安全技术规范等规定的设计使用年限或报废条件的。

（2）起重机械报废的，应及时到原登记部门办理注销。

第三节　危险化学品

一、责任分工

责任分工如下：

（1）发电管理部门是危险化学品的归口管理部门，负责建立健全使用危险化学品的安全管理制度和安全操作规程、台账，负责编制危险化学品事故应急预案，并定期组织演练。

（2）安全监督部门是危险化学品管理的监督管理部门，负责危险化学品事故应急预案的备案工作。

二、标志标识

危险化学品作业场所、储存场所、安全设施、设备、管道应设置明显标志。

三、防护设施

危险化学品作业场所应设置相应的监测、监控、通风、防晒、调温、防火、灭火、防爆、泄压、防毒、中和、防潮、防雷、防静电、防腐、防泄漏以及防护围堤或者隔离操作等安全设施、设备，并保证处于完好状态。

四、储存要求

危险化学品应当储存在专用仓库、专用场地或者专用储存室（以下统称专用仓库）内，并由专人负责管理。危险化学品专用仓库应当符合规范要求。

五、应急管理

制定危险化学品事故应急预案，配备应急救援人员和必要的应急救援器材、设备，并定期组织应急演练。

六、剧毒化学品

剧毒化学品是指具有非常剧烈毒性危害的化学品，包括人工合成的化学品及其混合物（含农药）和天然毒素。详见国务院相关部门发布的《危险化学品名录（2015 版）》。

国家对作业场所使用剧毒物品实行特殊管理。

有毒物品种类详见国务院相关部门发布的《一般有毒物品目录》《高毒物品目录》。

七、剧毒化学品管理

剧毒化学品管理应满足下列要求：

（1）剧毒化学品应当在专用仓库内单独存放，实行双人收发、双人保管制度。

（2）剧毒化学品应报地方安全监督管理部门和公安机关备案。

八、易制毒化学品

易制毒化学品是指国家管制的可用于制造毒品的前体、原料和化学助剂等物质。详见列入《易制毒化学品管理条例》（国务院令 455 号）附表的化学品。

九、监控化学品

监控化学品是指下列各类化学品：

第一类：可作为化学武器的化学品；

第二类：可作为生产化学武器前体的化学品；

第三类：可作为生产化学武器主要原料的化学品；

第四类：除炸药和纯碳氢化合物外的特定有机化学品。

详见国务院相关部门发布的《各类监控化学品名录》。

十、易制爆化学品

易制爆化学品是指可以作为原料或辅料而制成爆炸品的化学品。通常包括强氧化剂、可（易）燃物、强还原剂、部分有机物。详见《易制爆危险化学品名录》。

十一、分类

化学品根据不同分类标准，可分为危险化学品、易制毒化学品、监控化学品等。具体如图 5-1 所示。

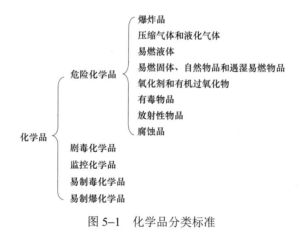

图 5-1　化学品分类标准

第四节　液　氨　站

采用氨法脱硝的企业设立了液氨站，一般储量都达到危险化学品重大危险源的标准，增加了安全生产风险。个别企业脱硝系统采取委托经营等形式，使安全风险进一步加大。

一、责任分工

责任分工如下：

（1）液氨站资产所有单位是液氨站管理的责任主体。负责液氨站重大危险源的辨识、评估、分级、建档、检测、备案和隐患治理等日常管理工作。液氨站资产所有单位应按照国家有关法律、法规和标准及所在地政府行政主管部门的要求，办理相关的登记、备案、审批等手续。

（2）液氨站资产所有单位的管理人员、运行人员、点检员对液氨站负现场管理责任。

（3）安全监督部门是液氨站的监督管理部门。负责监督液氨站资产所有单位对液氨站管理的履职情况，督促液氨站隐患的整改。液氨站构成重大危险源时，安全监督部门人员监督液氨站备案、评估等工作，纳入重大危险源管理。

二、制度建设

液氨站的安全管理制度至少包括以下内容：

（1）液氨接卸安全管理；

（2）氨区自动水喷淋系统定期检查和试验管理；

（3）氨区进出登记管理；

（4）氨系统动火作业许可制度；

（5）现场巡回检查制度；

（6）液氨作业个体防护用品的配置、发放和使用管理制度；

（7）氨系统运行安全操作规程；

（8）氨系统检修作业规程。

三、人员培训

从事液氨使用管理的工作人员必须接受有关预防和处置液氨泄漏、中毒、爆炸等知识培训。

四、监测监控及消防系统

（1）液氨区应设置视频监视系统、语音报警系统、氨泄漏检测系统。监视摄像头应不少于 3 个；氨泄漏检测仪分别设置在液氨储罐区、蒸发区及卸料区，信号应接至控制室，并定期进行检验。

（2）液氨站消防喷淋系统应每月试喷一次（冬季北方企业可根据具体情况执行），试喷时采用氨气触发就地氨泄漏检测仪联动，DCS 画面发指令触发两种方式分别进行。

五、隐患排查

（1）公司（厂）级管理人员每月至少对液氨站进行一次隐患排查，并将检查情况记录在案。

（2）设备管理部门、发电管理部门、安监管理部门、维护管理部门对应专业负责人及以上管理人员每周至少对液氨站进行一次安全检查，并将检查情况记录在案。

（3）点检员应每天对液氨站至少进行一次安全检查，巡查储槽液面、温度、压力变化情况以及有无泄漏现象，发现问题及时处理和上报。

（4）运行人员应将液氨站作为巡回检查重点内容，每小时巡检一次。

（5）检修维护人员应每周二、五对液氨站进行一次安全检查，巡查储槽液面、温度、压力变化情况以及有无泄漏现象，发现问题及时处理和上报。

（6）企业应每年一季度对液氨站进行重大危险源自评估，发现问题和隐患列入问题库闭环管理。

（7）企业应每三年请有资质单位对液氨站进行安全评估，评估发现问题和隐患列入问题库闭环管理，评估报告报地方政府安全监督管理部门备案。

六、警示标识

（1）液氨储存区域应设置醒目警示标志、警示说明、警示线、风向标、液氨泄漏声光报警装置，并定期检查、检验，确保完好。

（2）液氨储罐区、蒸发区、卸料区的喷淋洗眼器处应设明显的标识，运行人员每周放水冲洗管路，并做好防冻措施。

（3）液氨站区域消防器材存放点要设立明显的安全警示标志。万向充装管道系统周围应设置防撞桩，并设置醒目的警示标志。

七、个体防护

（1）液氨储存使用企业应按规定为从业人员配置个体防护用品。

（2）个体防护用品包括过滤式防毒器具、空气呼吸器、隔离式防护服、防冻手套、防护眼镜等。

（3）防护用品应定期检查，以防失效。

（4）空气呼吸器、隔离式防护服等应急防护装备应有足够备用。

八、档案台账

（1）设备管理档案包括设备图纸、供应厂家、合格证、压力容器检测（检验）报告、安全附件检测（检验）报告、维护、检修情况记录等。

（2）液氨区域压力容器、压力管道管理档案。定期联系有检验资质的部门对压力容器、压力管道及其附件进行检验，保存检验资料，按照检验结果保证压力容器、压力管道规范使用。

（3）灭火器材、防护器材台账应包括存放地点、更换时间、有效期、使用方法说明、员工使用记录等。

（4）劳动防护用品台账应包括领用日期、生产日期及更换日期。

第六章 主要安全风险防控

第一节 高 处 作 业

高处作业是电力企业高风险作业之一，高处坠落事故是近几年来造成人员伤亡人数最多的事故类型，做好高处作业人身伤害事故预防对于减少事故伤害尤为重要。

一、概念

凡在坠落高度基准面 2m（含 2m）以上，有可能坠落的高处进行的作业，称为高处作业。高处作业主要包括临边作业、洞口作业、攀登作业、悬空作业、交叉作业等五种基本类型。

1. 临边作业

临边作业是指施工作业中，工作面边沿无围护设施或围护设施高度低于 80cm 时的高处作业。例如，井架、施工电梯和脚手架等的通道两侧面作业。

2. 洞口作业

洞口作业是指孔、洞口旁边的高处作业，包括施工现场及通道旁深度在 2m 及 2m 以上的桩孔、沟槽与管道孔洞等边沿作业。例如，施工预留的上料口、通道口、施工口等。

3. 攀登作业

攀登作业是指借助建筑结构或脚手架上的登高设施，或采用梯子或其他登高设施在攀登条件下进行的高处作业。例如，在建筑物周围搭拆脚手架、张挂安全网。

4. 悬空作业

悬空作业是指在周边临空状态下进行高处作业。例如，在吊篮内进行的高处作业。

5. 交叉作业

交叉作业是指在施工现场的上下不同层次，于空间贯通状态下同时进行的高处作业。例如，脚手架平台上有人作业的同时，架下地面也有人作业。

二、高处坠落主要类型及原因

（一）发电企业常见的高处坠落类型

（1）脚手架上坠落；

（2）悬空坠落；

（3）临边坠落；

（4）洞口坠落；

（5）移动梯子上坠落；

（6）拆除作业坠落；

（7）踏穿不坚实作业面坠落。

（二）发生高处坠落事故的主要原因

（1）登高禁忌症者从事高处作业，晕倒坠落。

（2）未系安全带或未正确佩戴安全带，失稳或踏空坠落。

（3）高处未设防护栏杆、防护栏杆不规范，人员坐靠坠落。

（4）高处作业人员探身或上下抛掷工具（物料）时失稳坠落。

（5）登高用的支撑架（物）不稳倾倒坠落。

（6）脚手架材质不合格、搭设不牢固或使用超载，架体坍塌坠落。

（7）脚手架搭设无防护栏杆、脚手板未铺满或未固定等，人员踏空或失稳坠落。

（8）悬空作业吊具（吊篮）断裂、倾斜或安装不牢固坠落。

（9）基坑（槽）临边无防护栏杆，行走踏空坠落。

（10）在房（屋）顶临边作业时，无防护措施，人员滑倒或探身失稳坠落。

（11）在建（构）筑物爬梯平台上，踏蹬防护栏杆作业，身体失稳坠落。

（12）在构架梁上或管道上行走或作业时，未系安全带，身体失稳坠落。

（13）洞口盖板未盖实或无盖板，人员行走踏空坠落。

（14）洞口盖板掀开后，未装设防护栏杆或设非刚性栏杆，身体失稳坠落。

（15）使用不合格的梯子、梯子支放不当或无人扶持，梯子滑倒或倾斜，造成人员失稳坠落。

（16）拆除工程无安全防护措施或拆除工序颠倒，建（构）筑物倒塌坠落。

（17）作业面（如石棉瓦、铁皮板、采光浪板、装饰板等）的强度不足，踩塌坠落。

（18）遇大雾、雨雪天气或6级及以上大风等恶劣天气，室外高处作业。

三、个人能力与防护

（一）个人能力要求

（1）从事高处安装、维护、拆除作业人员，必须经过专门技能培训，并取得《特种作业操作证》（高处作业）。

（2）从事高处架设作业人员，必须经过专门技能培训，并取得《特种作业操作证》（高处作业）。

（3）搭设炉内升降平台的人员，必须经过专门技能培训和考试，合格后方准作业。

（4）炉内升降平台、吊篮的操作人员，必须经过专门技术培训和考核，合格并取得有效证书。

（5）《特种作业操作证》由国家安全生产监督管理总局统一印制，各省级安全生产监督管理部门负责本辖区的培训和发证。有效期为6年，每3年复审一次。

（6）高处作业人员必须经县级及以上医疗机构体检合格。凡患有高血压病、心脏病、贫血病、精神病、癫痫病等人员均不得上岗作业。

（二）个体防护要求

高处作业个体防护用品主要有安全带、安全绳、防滑鞋等。

1. 安全带

安全带是由织带、绳索和金属配件等组成。主要部件包括安全绳、吊绳、围杆带、护腰带、金属配件、自锁钩带、缓冲器、防坠器。检验周期为6个月。

使用安全带时，必须将安全带系在牢固的构件上，高挂低用，不得将绳打结使用。当安全带系绳超过3m时，应采用带有缓冲器装置的专用安全带，必要时可联合使用缓冲器、自锁钩、速差式自控器。

2. 安全绳

安全绳是用于挂安全带配套使用的长绳或水平安全绳。一般系吊用的安全绳采用合成纤维绳，水平安全绳采用钢丝绳，检验周期为6个月。

在高处特殊的危险场所（如构架梁上）作业时，作业人员必须将安全带挂在水平安全绳上。在向上开口容器内或悬空作业时，作业人员必须将安全带挂在垂直安全绳上，一条垂直安全绳上只能挂一条安全带。

3. 防滑鞋

防滑鞋的鞋底宜采用凹凸波浪的橡胶材质，鞋底花纹必须起到防滑作用，符合国家劳动保护标准。

四、脚手架上坠落防控

脚手架是专为高处作业人员搭设的临时架构。按搭设材质分为钢质脚手架、竹质脚手架、木质脚手架。目前经常使用的是钢质脚手架。如果脚手架搭设不规范，在脚手架上作业易发生人身坠落事故，必须加强脚手架搭设、使用和验收管理。

（一）脚手架体搭设基本要求

1. 脚手杆

钢管采用外径为 48mm、壁厚为 3.0～3.5mm 的焊接钢管或无缝钢管。钢管应平直，平直度允许偏差为管长的 1/500；两端面应平整，不应有斜口、毛口。

2. 钢管脚手架扣件

扣件必须有出厂合格证明或材质检验合格证明。

3. 钢管脚手架铰链

用于搭设脚手架的不准使用脆性的铸铁材料。

4. 扫地杆

纵向扫地杆采用直角扣件固定在距基准面 200mm 内的立杆上；横向扫地杆则用直角扣件固定在紧靠纵向扫地杆下方的立杆上。

5. 立杆

金属管立杆应套上柱座（底板与管子焊接制成），柱座下垫有垫板。立杆纵距应满足以下要求：

（1）架高 30m 以下，单立杆纵距为 1800mm；

（2）架高为 30～40m，单立杆纵距为 1500mm；

（3）架高为 40～50m，单立杆纵距为 1000mm，双立杆纵距为 1800mm。

6. 梯子

搭设时应超过施工层一步架，并搭设梯子，梯凳间距不大于 400mm。

7. 剪刀撑

与地面夹角为 45°～60°，搭接长度不小于 400mm。

8. 施工层

设 1200mm 高防护栏杆，必要时在防护栏与脚手板之间设中护栏。设 180mm 踢脚板，踢脚板与立杆固定。

9. 脚手板

木质板厚不低于 50mm。脚手板应满铺、板间不得有空隙，板子搭接不得小于 200mm，板子距墙空隙不得大于 150mm，板子跨度间不得有接头。

10. 脚手架搭设

应装有牢固的梯子，用于作业人员上下和运送材料。

11. 安全网

施工层下面应设安全平网，外侧用密目式安全立网全封闭。

（二）脚手架验收要求

搭设脚手架的过程中（未验收前），必须在架体上悬挂"脚手架搭设中"警告牌。搭设结束后，必须履行脚手架验收手续，填写脚手架验收单，并在"脚手架验收单"上签字。验收合格后应在脚手架上悬挂"脚手架使用合格牌"，方准使用。

（三）脚手架作业安全要求

（1）脚手架上的作业人员必须戴好安全帽、系好安全带、穿好防滑鞋。

（2）同一架体上的作业人数一般为 2 人，必须超过 2 人的情况下不得超过 9 人。

（3）安全带必须挂在架体高处，严禁低挂高用。

（4）上下脚手架应走人行通道或梯子，严禁攀登架体。

（5）严禁站在脚手架的探头板上作业。

（6）严禁在脚手架上探身作业。

（7）严禁在脚手板上登在木桶、木箱、砖及其他建筑材料等作业。

（8）严禁在架子上退着行走或跨坐在防护横杆上休息。

（9）严禁在脚手架上抛掷工具、物料等。

（10）严禁在脚手板上聚集人员。

（11）架板上应保持清洁，随时清理冰雪、杂物等。严禁乱堆乱放物料等。

（12）遇大雾、雨、雪天气或 6 级及以上大风时，严禁在脚手架上作业。

五、悬空作业坠落防控

悬空作业是指在无立足点或无牢靠立足点的条件下进行的高处作业，或指在工作点活动面积小、四边临空的条件下进行的高处作业。悬空作业可能发生坠落事故。发电企业常见的悬空作业场所有吊篮、高空作业车、炉内检修升降平台等。

（一）吊篮

吊篮是悬挂机构设于建筑物上，提升机驱动悬吊平台通过钢丝绳沿立面升降运行的一种悬挂设备。它是由悬吊平台、悬挂机构、提升机、安全锁、工作钢丝绳、安全钢丝绳、电控系统组成。吊篮作业安全风险较大，必须满足以下要求：

1. 吊篮基本安全要求

（1）必须使用具有吊篮生产许可证、产品合格证和检验合格证的产品，并有出厂报告。

（2）吊篮平台长度不宜超过 6000mm，并装设防护栏杆。靠建筑物侧栏高不应低于 800mm，其余侧面栏高均不得低于 1100mm，护栏应能承受 1000N 水平移动的集中载荷。栏杆底部应装设高 180mm 踢脚板。

（3）吊篮门应向内开，并安装有门与吊篮的电气联锁装置。

（4）悬臂机构的前、后支架及配重铁必须放在屋顶上，每台吊篮 2 支悬臂，配重应满足吊篮的安全使用要求。

（5）吊篮钢丝绳不应与穿墙孔、吊篮的边缘、房檐等棱角相摩擦，其直径应根据计算决定。吊物的安全系数不小于 6，吊人的安全系数不小于 14。

（6）使用手扳葫芦应装设防止吊篮平台发生自动下滑的闭锁装置。

（7）吊篮必须装设独立的安全绳，安全绳上必须安装安全锁。

（8）吊篮必须装设上下行程限位开关和超载保护。

（9）电动提升机构应配有两套独立的制动器。

（10）操作装置应安装在吊篮平台上，操作手柄上应有急停按钮。

（11）吊篮平台应在明显处标明最大使用荷载。

（12）企业必须制订吊篮使用规定，并挂在现场。

（13）吊篮上的电气设备必须具有防水措施。

（14）超高空作业（如烟囱防腐等）装设的监控摄像头，覆盖画面应包括吊篮作业面及吊篮承重架的关键部位，保证实时跟踪监控。

2. 吊篮检验

（1）吊篮安装结束后，必须由具有资质的单位进行检验。

（2）吊篮应作 1.5 倍静荷重试验及装载超过工作荷重 10% 的动荷重试验，采用等速升降法。

（3）吊篮升降试验正常，安全保护装置灵敏可靠。

（4）吊篮检验合格，且出具检验报告后，方准使用。

（5）吊篮钢丝绳使用以后每月应至少检查 2 次。

3. 吊篮使用

（1）吊篮每天使用前，应核实配重和检查悬挂机构，并空载运行，确认设备正常。

（2）未取得《特种作业操作证》（高处作业）人员，严禁在吊篮内高处作业。

（3）吊篮内的作业人员必须穿好工作服、防滑鞋。

（4）吊篮作业下部区域内应设置警戒线，醒目处挂有"严禁入内"警示牌，并设专人看护。

（5）严禁使用麻绳吊吊篮。

（6）吊篮上的操作人员应配置独立于悬吊平台的安全绳，安全带必须挂在安全绳上，严禁挂在吊篮上或升降用的钢丝绳上。

（7）吊篮内一般应 2 人作业，不得单独 1 人作业。

（8）作业人员必须在地面上进出吊篮，严禁空中攀爬吊篮。

（9）吊篮内的人员和物料应对称分布，保持平衡，严禁偏载或超载使用。

（10）作业人员必须佩戴工具袋，工具、零件、材料等应随手放入袋内。

（11）吊篮内严禁使用梯子、凳子、垫脚物等进行作业。

（12）不得将两个或几个吊篮连在一起同时使用。

（13）吊篮内焊接作业时，必须对吊篮、钢丝绳进行防护。严禁用吊篮作为电焊接地线回路。

（14）吊篮在正常使用时，严禁使用安全锁制动。

（15）吊篮悬空突然停电时，应手动操作吊篮慢慢降落。严禁人为使用电磁制动器自滑降。

（16）严禁使用自制吊篮。

（17）严禁采用起重机械吊吊篮的方式进行作业。

（18）吊篮作业现场的照明不充足时，严禁作业。

（19）收工时必须将吊篮降至地面，切断电源。严禁吊篮高空停放。

（20）遇雨雪、大雾、风力达 5 级及以上等恶劣气候时，严禁使用吊篮作业。

（二）高空作业车

高空作业车是指 3m 及以上能够上下举升进行作业的一种车辆。

1. 现场作业要求

（1）高空作业车的工作斗、工作臂及支腿应有反光安全标识。

（2）高空作业车应配备三角垫木 2 块、支腿垫木 4 块。

（3）作业区域内应设置警戒线，并设专人监护。

（4）作业停车位置应选择坚实地面，整车倾斜度不大于 3°，并开启警示闪灯。

（5）作业前应先将支腿伸展到位并放下，并在支腿下垫放枕木或钢板垫。

（6）坡道停车时，只能停于 7°以内的斜坡，拉起手刹，且轮胎下支放三脚垫木。

（7）坡道支支腿时，应先支低坡道侧支腿，后支高坡道侧支腿。收支腿时与此相反。

2. 安全作业管理要求

（1）高空作业车司机必须持有驾驶证、特种设备作业人员证。

（2）吊装前应先支好支腿、试车，确认设备正常。

（3）在高压电气设备上作业时，车体必须可靠接地，并设电气人员监护。

（4）高空作业车的工作斗内不得超过 2 人。

（5）安全带必须挂在工作斗内的安全搭扣上。

（6）工作斗内不得使用梯子、凳子或垫脚物等，不得踩踏在工作斗上作业。

（7）严禁超载使用。

（8）工作结束后必须将工作斗、工作臂复位，收起支腿。严禁工作斗悬在高空。

（9）遇雨雪、大雾、风力达 5 级及以上等恶劣气候时，严禁作业。

（三）炉内升降平台

炉内升降平台是专为炉膛内检修或检查设备所搭设的升降工作平台（简称炉内平台）。炉内平台由主平台、提升装置、安全保护装置、电气系统等组成。

1. 炉内平台搭设基本要求

（1）平台框架。

主、副梁应满足承重要求，不得有变形、开焊或开裂，连接螺丝孔不得有扩大变形，且连接紧固。

（2）主平台。

脚手板应满铺平整，用压板压实；平台临空侧应装设防护栏杆，平台周边装设限位导向轮。

（3）提升装置。

提升装置由包括钢丝绳、导向滑轮等部件，钢丝绳与搭好的炉膛脚手架连接应采用不少于 3 个绳卡固定牢固。

（4）卷扬机。

必须固定在牢固的地锚或建筑物上，固定处耐拉力必须大于设计荷重的 5 倍。钢丝绳端部与滚筒固定牢固，滚筒上钢丝绳的安全圈不少于 5 圈。并装设防止钢丝绳滑脱滚筒保护装置及安全制动装置。

（5）安全保护装置。

包括装设断绳保护器、超载保护器、上下限位器。在炉膛外部的固定端必须引出独立安全绳，安全带挂在安全绳上。

（6）电气设备。

1）电源必须装有自动空气开关和漏电保护器，容量应满足要求。

2）操作装置应安装在炉内平台上，操作手柄上应有急停按钮。

3）炉内照明必须充足，满足炉内平台作业的要求。

4）炉内平台的电气操作盒必须做好防水措施。

2. 炉内平台检验基本要求

（1）炉内平台搭设结束后，必须经搭设单位、使用单位、设备管理部门、安全监察部门、总工程师及以上厂级领导进行验收。必要时应由质量技术监督部门进行验收，合格后方准挂牌使用。

（2）炉内平台必须做额定起质量125%的静载试验和110%的动载试验。

（3）炉内平台钢丝绳使用以后每月应至少检查2次。

3. 炉内平台作业安全要求

（1）炉内平台应由有资质单位搭设，搭设人员应持有《特种设备作业人员证》。

（2）搭设炉内平台时，严禁上下交叉作业。

（3）在炉内平台上作业时，必须佩戴工具袋。严禁上下抛掷工具或材料，对大件工具、材料应用绳子系牢传递。

（4）炉内平台上的作业人员必须佩戴安全带，安全带挂在安全绳上。严禁挂在平台上。

（5）在使用炉内平台过程中遇有卡涩现象时，必须立即停止升降，查明原因、及时处理。

（6）炉内平台上的作业人数不应超过9人，严禁1人独自在炉内平台上作业。

（7）未经操作人许可，任何人不得随意进入炉内平台上。

（8）炉内平台上有人作业时，必须设专人监护。卷扬机处也应设专人监护，且保证通信畅通。

（9）炉内平台验收合格后，任何人不得擅自变动其结构，必须变动时应重新履行验收手续。

（10）进入炉内平台前，应检查燃烧室大块焦砟情况，及时清除落在平台上的灰焦渣。

（11）炉内平台的操作盒电缆不得拖曳、磨损。

（12）炉内平台使用前必须试车，保证刹车装置、安全装置及各限位器灵敏可靠。

（13）炉内平台上堆积材料或物品不得超载，更不得集中堆放。

（14）炉内平台上不得放置检修电源箱、电焊机、氧气和乙炔气瓶等。

（15）拆除炉内平台时，应按顺序拆除，拆下的材料应随时运出炉膛。

（16）拆除后的炉内平台组件须做全面检查，对有缺陷、损伤的及时处理，并妥善保管。

六、临边作业坠落防控

临边作业是指工作面边缘没有围护设施或围护设施高度低于 800mm 时的高处作业，例如沟、坑、槽边，深基础周边，屋面边等。在临边处作业可能发生人身坠落伤害事故。发电企业常见的临边作业场所有基坑（槽）临边作业、屋（楼）面檐口作业、爬梯平台上作业、构架梁（管）上作业。

（一）基坑（槽）临边作业

1. 安全作业现场

（1）基坑临边防护一般采用钢管（$\phi48\times3.5$）搭设带中杆的防护栏杆。

（2）立杆。立杆与基坑边坡距离不小于 500mm，高度为 1200mm，埋深 500～800mm。

（3）横杆。上杆距地高度为 1200mm，下杆距地高度为 600mm。

（4）踢脚板。防护外侧设置高 180mm 踢脚板。

（5）防护围栏外侧悬挂安全警示牌，必要时内侧满挂密目安全网。

（6）夜间设红灯示警。

2. 基坑临边作业安全要求

（1）基坑（槽）开挖临边必须设置牢固的防护栏杆，严禁用绳子、布带等软连接围成。

（2）基坑（槽）开挖必须采取放边坡或支护等方法，防止临边坍塌坠落。

（3）上下基坑（槽）必须使用马道或专用梯子。严禁攀登水平支撑或撑杆。

（4）严禁人员坐靠在防护栏杆上。

（二）屋（楼）面檐口作业

1. 安全作业现场

（1）屋（楼）顶边防护栏杆一般采用钢管（$\phi48\times3.5$）搭设，采用三道防护栏杆。

（2）立杆距屋面边不小于 500mm，高度不小于 1200mm，立杆间距不大于 2000mm。

（3）上杆距地高度为 1200mm，中间杆距地高度为 600mm，下杆距地高度 150mm。

（4）踢脚板高度为180mm。

（5）在屋面四角临边设 45°斜杆各 4 根，下部与预埋件连接。

（6）坡度大于 1:2.2 的屋（楼）面，防护栏杆距地高度为 150mm，横杆长度大于 2000mm 时，必须加设斜栏杆柱。

（7）必要时，临空一面应装设安全网，防护栏杆的内侧满挂密目安全网。

（8）作业现场无杂物堆放、电源接线规范、照明充足。

2. 安全作业行为

（1）在屋（楼）面上作业时，必须穿好防滑鞋，设专人监护。严禁单人作业。

（2）当屋（楼）面坡度大于 25°时，必须采取防滑坠落措施。

（3）在屋（楼）面作业时，严禁背向檐口移动。

（4）严禁在屋（楼）顶檐口处探身作业。

（5）遇雨雪、大雾或风力达 5 级及以上等天气时，严禁在屋（楼）面上作业。

（三）爬梯平台上作业

爬梯是指人们上下攀爬的梯子。人在攀爬梯子过程中的休息平台或空中作业平台，称为爬梯平台。

1. 安全作业现场

（1）爬梯平台必须设置固定的 3 道钢质防护栏杆。

（2）立杆间距不大于 2000mm。

（3）上杆距平台面 1200mm，中间杆距平台面 600mm，下杆距平台面 200mm。

（4）爬梯平台上必须设高 100mm 踢脚板。

（5）爬梯平台用螺纹钢筋隔距、等距焊接牢固，或用格栅板、铁板满铺。

（6）必要时爬梯平台上装设固定的照明灯具。

（7）爬梯高于地面 2.4m 以上的部分应设有护圈。

2. 安全作业行为

（1）上下爬梯必须抓牢，不得两手同时抓一个梯阶。

（2）作业人员必须佩戴工具袋，用完的工具应随手装入袋内，不得放在爬梯平台上。

（3）严禁人员坐靠在爬梯防护栏杆上。

（4）防护栏杆上不得拴挂任何物件。

（5）防护栏杆严禁作为起吊承载杆。

（6）作业中需要拆除防护栏杆时，必须采取可靠的临时防护措施，作业结束后应及时恢复。

（7）严禁在无防护栏杆或无临时防护措施的爬梯平台上作业。

（8）严禁蹬踩或跨越防护栏杆作业。

（9）爬梯平台上的杂物应及时清理，严禁随意堆放物件。

（四）构架梁（管）上作业

构架梁（管）上作业是指在高于 2m 及以上悬空梁（管）架上，且无任何防护设施的场所处的作业。

1. 安全作业现场

（1）在构架梁上作业前，必须装设水平安全绳。安全绳宜采用带有塑胶套的纤维芯钢丝绳，并有生产许可证和产品合格证。

（2）水平安全绳两端应固定在牢固的构架上，与构架棱角的相接触处应加衬垫。

（3）水平安全绳应贯穿于构架梁（管），且用钢丝绳卡固定，绳卡数量应不少于 3 个，绳卡间距不应小于钢丝绳直径的 6 倍。

（4）水平安全绳固定高度为 1100～1400mm，每间隔 2000mm 应设一个固定支撑点，钢丝绳固定后弧垂应为 10～30mm。

（5）水平安全绳固定好后，应在绳上每隔 2000mm 拴一道红色布带，作为提示标志。

2. 安全作业行为

（1）水平安全绳必须使用钢丝绳，严禁用棕麻绳或纤维绳等来代替。

（2）在构架梁（管）上作业时，必须系好安全带，安全带应挂在水平安全绳上。移动或行走时必须使用双绳安全带。

（3）攀登构架时，必须将防坠器挂在垂直安全绳上，安全带挂在防坠器上。

（4）构架梁上未装设水平安全绳，严禁行走或作业。

七、洞口坠落防控

洞口作业是指距水平面的深度 2m 及以上的孔洞临边处的作业。洞口作业包括井、孔与洞，在井、孔与洞口临边处作业有可能发生坠落的人身伤害事件，称为洞口坠落。发电企业常见的洞口作业场所有起吊口、竖井口、预留口、污水井口、热水井口、阀门井口等。

1. 安全作业现场

（1）洞口必须用坚实的盖板盖好，盖板表面应刷黄黑相间的安全警示线。

（2）洞口盖板掀开后，应在周边搭设牢固的防护围栏。防护围栏应满足以下安全要求：

1）洞口周边用钢管（$\phi48\times3.5$mm）搭设带中杆的防护栏杆。

2）防护栏杆距洞口边不小于 500mm。

3）立杆。高度为 1200mm。洞口尺寸不大于 2000mm 时，中间设一道立杆；洞口尺寸大于 2000mm 时，立杆间距不大于 1200mm。

4）横杆。上杆距基准面 1200mm，中间杆距基准面 600mm，下杆距基准面 100mm。

5）踢脚板。高度为 100mm。

6）必要时在防护栏杆外侧挂密目安全网。

7）悬挂安全警示牌，夜间装设红灯警示灯。

2. 安全作业行为

（1）设置起吊口必须履行有关审批手续。严禁随意设置起吊口。

（2）发现洞口盖板缺失、损坏或未盖好时，必须立即盖好。

（3）严禁采用强度不合格的材料当作盖板使用。

（4）洞口盖板掀开后，必须搭设牢固的防护围栏，未搭设前应设专人监护。

（5）严禁使用麻绳、尼龙绳等软连接来代替防护围栏。

（6）严禁人员坐靠在洞口处作业。

（7）检修期间需拆除防护栏杆时，必须装设牢固的临时遮栏，并设警告标志。待检修结束后应及时恢复。

八、梯子上坠落防控

移动梯子是指临时登高用的直梯、人字梯、软梯等。在梯子上作业可能发生坠落的人身伤害事件，称为梯子上坠落。

1. 安全作业现场

（1）梯子应半年检验一次，并贴有"检验合格证"标签。

（2）两梯柱的内侧净宽度应不小于 280mm。

（3）踏板上下间距以 300mm 为宜，不得有缺档。

（4）梯子必须装设止滑脚。

（5）直梯支设角度以 60°～70° 为宜，且上端应放置牢靠。

（6）人字梯应具有坚固的绞链和限制开度的拉链，梯子支设夹角以 35°～45° 为宜。

（7）软梯必须每半年进行一次荷载试验。试验时以 500kg 的荷载挂在绳索上，经 5min 若无变形或损伤即认为合格。软梯的安全系数（绳梯最大载荷和单股绳最小破断力的比值）不得小于 10。

2. 安全作业行为

（1）使用前必须检查梯子坚实、无缺损，止滑脚完好。不得使用有故障的梯子。

（2）人员必须登在距梯顶不少于 1m 的梯蹬上作业。

（3）严禁梯子垫高使用。

（4）严禁梯子接长使用。

（5）梯子不得放在通道口和通道拐弯处等，如需放置时应设专人看守。

（6）梯子不得放在门前使用，如需放置时应有防止门开碰撞措施。

（7）使用梯子时必须有专人扶持。

（8）人员必须面向梯子上下。

（9）上下梯子时，严禁手持物件攀登。

（10）梯上人员应将安全带挂在牢固的构件上，严禁将安全带挂在梯子上。

（11）严禁两人同登一梯。

（12）人在梯子上时，严禁移动梯子。

（13）靠在管子上使用的梯子，其上端应有挂钩或用绳索缚住。

（14）严禁在悬吊式的脚手架上搭放梯子作业。

（15）软梯应挂在可靠的支持物上，在软梯上只准一个人作业。

九、拆除工程坠落防控

拆除工程是指对已经建成或部分建成的建（构）筑物进行拆除的工程。拆除工程分为人工拆除、机械拆除和爆破拆除。人工拆除，依靠手工加上一些简单工具（如风镐、钢钎、手动葫芦、钢丝绳等）对建（构）筑物实施解体和破碎的方法；机械拆除，使用大型机械（如挖掘机、镐头机、重外锤机等）对建（构）筑物实施解体和破碎的方法；爆破拆除，利用炸药爆炸解体和破碎建（构）筑物的方法。

1. 安全作业现场

（1）拆除建（构）筑物的区域内必须设置物理隔离，设置安全警示标志和安全警示灯，并设专人看护。

（2）在人员密集点或人行通道上方进行拆除工程时，必须搭设全封闭防护隔离棚。

（3）拆除工程前，必须先将建（构）筑物内或脚手架上的水、电、汽、气、油全部隔离，且有明显的断开点。

（4）拆除现场使用的电源必须取自于拆除建筑物以外的其他可靠电源。

（5）水平作业各工位间必须有一定的安全距离，严禁交叉作业。

（6）用机械设备拆除作业时，回旋半径内严禁有人同时作业。

（7）拆除工程必须设置专用的运输车辆通道。

2. 安全作业行为

（1）作业人员必须佩戴安全帽、护目眼镜、手套、工作鞋等必要的个体防护用品。

（2）拆除工程现场必须设专人指挥。

（3）拆除作业时，人员应站在脚手架或其他牢固的架构上。

（4）拆除作业应严格按照拆除工程方案进行，应自上而下、逐层逐跨拆除。

（5）防护栏杆、楼梯和楼板应在同层建（构）筑物中最后拆除。

（6）人工拆除作业时，严禁采用掏掘墙体的方法进行。

（7）拆除作业中有倒塌伤人的危险时，应采用支柱、支撑等防护措施。

（8）作业人员严禁直接站在轻型结构板上进行拆除作业。

（9）人工拆除作业时，严禁数层同时交叉作业。

（10）对较大构件应用吊绳或起重机吊下运走，散碎材料应用溜放槽溜下运走。

（11）承重支柱和横梁必须在其所承担的全部结构和荷重拆除后才可拆除。

（12）脚手架应与被拆除物的主体结构同步拆除。

（13）拆下的物料不得在楼板上乱堆乱放，应及时清运。

（14）爆破拆除作业前，必须设置安全警戒区域，疏散周边人员，设专人监护。

（15）遇大雾、雨雪、6级及以上大风等恶劣天气时，严禁拆除作业。

十、踏穿不坚实作业面防控

踏穿不坚实作业面坠落是指人员踩踏的作业面因承重强度不足被踏穿的坠落事件。发电企业常见的不坚实作业面场所有石棉瓦、彩钢板、瓦、木板、采光浪板等材料构成的屋顶，或受腐蚀烟道、步道等。

1. 安全作业现场

（1）上下不坚实作业面时，必须设置专用梯子通道。

（2）在不坚实作业面上应装设宽 360mm 及以上的止滑条踏板。

（3）沿不坚实作业面的踏板旁设置牢固的安全绳。

（4）在较大的不坚实斜面屋顶上作业时，需搭设牢固的防护护栏。

（5）必要时可在不坚实作业面的下方设置安全护网。

（6）为防止误登不坚实作业面，应在必要地点处挂上警告牌。

2. 安全作业行为

（1）作业人员必须佩戴安全带，安全带应挂在安全绳上或牢固的构件上。

（2）严禁人员直接踩踏在不坚实的作业面。

（3）距不坚实作业面边缘 1m 内作业时，应外设工作平台或使用梯子。

（4）在不坚实作业面上不得堆放杂物、物料等。

第二节　起　重　作　业

起重作业是特种作业，它是运用起重机械进行起升、搬运、运输、装卸、安装的作业。从事起重作业的人员包括起重指挥人员、起重司机和起重工。

一、起重设备及起重伤害

（1）起重机。起重机是指能够实现垂直升降和水平运动的起重机械，动力由电动机提供。起重机分为桥式起重机、臂架式起重机。

桥式起重机是指桥架在高架轨道上运行的一种起重机，又称天车。如龙门式起重机等。

臂架式起重机是指取物装置悬挂在臂架顶端，或挂在沿臂架运行的起重小车上的起重机。如塔式起重机、门座式起重机、浮式起重机等。

（2）起重工具。起重工具是指吊运或顶举重物的物料搬运工具，一种间歇工作、提升重物的工具。如起重滑车、吊具、千斤顶、手拉葫芦、电动葫芦等。

（3）起重伤害。起重伤害是指起重作业中发生的重物（包括吊具、吊重或吊臂）坠落、夹挤、物体打击等的人身伤害。

二、起重作业人员要求

（一）起重作业人员通用要求

起重作业人员通用要求如下：

（1）身体健康，无妨碍从事起重作业的疾病和生理缺陷。

（2）年满十八周岁。

（3）高中以上文化。

（4）按国家有关规定，参加技术理论和实际操作技能考核，取得特种作业人员资格证书。

（5）离开本岗位 6 个月以上，重新上岗前，须重新考试。

（6）起重作业人员的操作证有效期到期时，必须参加复审。

（7）从业资格证不得涂改、伪造。

（二）起重指挥人员要求

起重指挥人员要求如下：

（1）起重作业安全知识丰富。

（2）起重作业技术娴熟。

（3）熟练的使用手势、音响和旗语。

（4）掌握起重作业方面的基本知识。

（5）掌握一般物件的质量计算和吊点的选择原则。

（6）了解起重机械的基本构造和性能。

（三）起重司机要求

起重司机要求如下：

（1）熟悉手势、音响和旗语在内的吊运指挥信号。

（2）熟悉起重机械构造、性能和电气方面等知识。

（3）熟悉起重作业的安全操作规程及有关法规制度。

（4）熟悉安全防护装置的性能、安全运输、保养和基本维修知识。

（5）经过培训考试合格，并实习 1～3 个月。

（四）起重工要求

起重工要求如下：

（1）具有基本的起重理论知识和安全知识。

（2）具有较熟练的专业技能。

（3）具有起重实践经验，熟练手势、音响和旗语等起吊信号。

（4）掌握索具、吊具的安全负荷、使用方法、保养及报废标准。

（5）掌握一般物件的绑挂技术和方法。

（6）掌握有关起重运输作业的安全规程和技术要求。

三、起重伤害原因

（一）人为因素

人为因素如下：

（1）强令职工冒险作业。

（2）指挥起吊程序错误。

（3）判断失误，错下指挥命令。

（4）作业人员动作欠协调。

（5）未严格执行操作规程。

（6）冒险作业。

（7）缺乏起吊经验，造成起重物摆动或脱钩等。

（8）无知性超载起重，或图省事有意超载起重。

（9）捆绑方式错误或捆绑不牢。

（二）管理因素

管理因素如下：

（1）无起重作业方案或作业方案错误。

（2）组织协调不力。

（3）安全措施不落实。

（4）作业人员处在危险区域内。

（5）机械设备带"病"运行。

（6）起重机械未检验或检验超期。

（三）设备缺陷

设备缺陷如下：

（1）起重机械钢丝绳有断股、锈蚀等隐患。

（2）电气保护或操作系统失灵。

（3）安全闭锁装置失效。

（4）啃轨造成紧固件松动。

（5）塔身的倾覆力矩超过稳定力矩，起重机倾倒。

（6）吊具失效，重物坠落。

四、起重机械使用安全要求

（一）手拉葫芦使用安全要求

手拉葫芦使用安全要求如下：

（1）检查各部件和零件完好，确保安全可靠。

（2）起重链条应垂直悬挂重物，链条各个链环间不得有错钮。

（3）严禁超载使用。

（4）拉动手拉链时，拉链方向应与手拉链轮在同一平面上，应用力平衡，不得斜拉。当拉动困难时，要查找原因，不得加力硬拉。

（5）使用三脚架时，三脚应保持相对间距，两脚间应用绳索联系，当联系绳索置于地面时，要注意防止将作业人员绊倒。

（6）起重高度不得超过标准值，以防链条拉断销子，造成事故。

（7）吊起重物需中途停止较长时间，要将手拉链拴在起重链上，以防时间过长自锁失灵，重物掉落。

（二）电动葫芦使用安全要求

电动葫芦使用安全要求如下：

（1）必须遵守安全操作规程。

（2）凡有操作室的电动葫芦必须专人操作。

（3）作业前，检查电动葫芦的机械、电气、钢丝绳、吊钩、限制器等完好可靠。

（4）起吊物件时，手不准握在绳索与物件之间，不得超负荷起吊。

（5）吊物上升时严防撞顶。

（6）起吊时，物件应捆扎牢固，在物件的尖角缺口处应设衬垫保护。

（7）拖挂电缆线及控制开关的绝缘应良好，作业完毕，应将其妥善保管。

（8）电动葫芦在轨道转弯处或接近轨道终点时，应减速行驶，以防超限位。

（三）卷扬机的使用安全要求

卷扬机的使用安全要求如下：

（1）卷扬机与支承面的安装定位，应平整牢固。

（2）卷扬机卷筒与导向滑轮中心线应对中。卷筒轴心线与寻向滑轮轴心线的距离：光卷筒不应小于卷筒长的 20 倍；有糟卷筒不应小于卷筒长的 15 倍。

（3）钢丝绳应从卷筒下方卷入，卷筒上的钢丝绳应排列整齐，至少应保留 5 圈。

（4）卷扬机作业前应先试车，检查各部件安全可靠后，方可使用。

（5）重物长时间悬吊时，应用棘瓜支住。

（6）吊运中突然停电时，应立即断开总电源，手柄扳回零位，并将重物放下，对无离合器手控制动能力的，应监护现场，防止意外事故。

（7）卷扬机运行中严禁向滑轮上套钢丝绳，严禁在卷筒附近用手扶钢丝绳。

（四）千斤顶使用安全要求

千斤顶使用安全要求如下：

（1）千斤顶使用时底部要垫平整、坚韧。无油污的木板以扩大承压面，保证安全。不能用铁板代替木板，以防滑动。

（2）起升时要求平稳，重物稍起后要检查有无异常情况，如无异常情况才能继续升顶。不得任意加长手柄或过猛操作。

（3）不超载、超高。当套筒出现红线时，表明已达到额定高度应停止顶升。

（4）数台千斤顶同时作业时，要有专人指挥，使起升或下降同步进行。相邻两台千斤顶之间要支撑木块，保证间隔以防滑动。

（5）使用千斤顶时要时刻注意密封部分与管接头部分，必须保证其安全可靠。

（6）千斤顶不适用于有酸、碱或腐蚀性气体的场所。

（7）使用液压千斤顶时，严禁人员站在千斤顶安全栓的前面，以免安全栓射出伤人。

（五）卡环使用安全要求

卡环使用安全要求如下：

（1）卡环是一种拴连工具，使用卡环时不得超载。

（2）使用卡环前，应检查有无裂纹或变形，保证卡环质量。

（3）使用卡环时，应将钢丝绳一根绳环拉在螺栓上，另一根绳环拉在 U 形环上。严禁卡环横向受力。

（4）使用卡环时，应避开所吊物件的棱角处。

五、起重伤害防范

起重伤害防范如下：

（1）起重指挥人员、起重司机、起重工必须经专门安全技术培训，考试合格后，并取得特种作业操作资格证书，方准上岗。

（2）起重机械使用一年至少做一次全面技术检查，确保完好合格。对于临时装设的起重装置受力点强度必须符合起重要求，整套装置应经过载荷试验。

（3）起重作业只能一人指挥，指挥者应使用旗语和口哨，不得单独使用对讲机。

（4）起重作业下方应划定作业区域，设置围栏，设警示标志，并设专人监护。

（5）作业前，应制定施工方案和安全措施，并交底后方可进行。

（6）吊件前，应检查起重设备、钢丝绳满足荷重和安全要求，禁止超载使用。

（7）起重司机操作前，应发出戒备信号，无关人员应离开作业区。

（8）起吊过程中，不得将身体的任何部位伸入起吊物下，不得站在被起吊的重物或吊臂上，不得在起吊物下站人或通行。

（9）起吊物离地 20～30cm，应停钩检查。检查内容包括起重机的制动、稳定性，吊物捆绑的可靠性，吊索具受力后的状态等。发现异常立即落钩，处理彻底后再起吊。

（10）吊物悬空后出现异常，指挥人员要迅速判断、紧急通告危险部位人员迅速撤离。指挥吊物慢慢落下，排除险情后才可再起吊。

（11）在无固定围栏的起吊孔处作业，要设置临时安全围栏或采取可靠的措施，防止拉动货物时，货物摇摆，将人拽向起吊孔。

（12）在高压线下作业时，应由电气专业人员监护，保证起重设备与带电体的安全距离。

（13）起重机正在作业中突遇停电，应先将控制器恢复到零位，然后切断电源。

（14）不准解除起重设备的安全装置。

（15）爆炸品、危险品（压缩气瓶、酸、碱、可燃油类）不得起吊。必须起吊时，应采取可靠的安全措施，并经总工程师批准后方可作业。

（16）大雨、大雪、大雾及风力 6 级以上（含 6 级）等恶劣天气，必须停止露天起重作业。

（17）严格执行"十不吊"的原则。

六、重点起重吊具管理

（一）钢丝绳

钢丝绳是由多层钢丝捻成股，再以绳芯为中心，由一定数量股捻绕成螺旋状的绳。钢丝绳按捻制方向分为右向捻和左向捻，按捻法分为交互捻（逆捻）和同向捻（顺捻）。

1. 检查及试验

（1）钢丝绳应每月检查 1 次，每年试验 1 次。

（2）试验方法，以 2 倍容许工作荷重进行 10min 的静力试验，不应有断裂及显著的局部延伸现象。

（3）有以下情况要报废：

1）钢丝绳的表面钢丝被腐蚀，磨损超过钢丝直径的 40% 以上。

2）钢丝绳有一股折断。

3）钢丝绳直径减少达 7%。

4）钢丝绳有明显的内部腐蚀。

5）局部外层钢丝绳伸出呈笼形状态。

6）钢丝绳纤维芯的直径增大较严重。

7）钢丝绳扭结。

8）钢丝绳折变造成塑性变形。

9）对于交互捻钢丝绳，断丝数超过总丝数的 10%。

2. 注意事项

（1）钢丝绳应放置在架上或悬挂好，且定期上油。

（2）不得使用断股、扭结、腐蚀及其他磨损、脆化等缺陷的钢丝绳。

（3）钢丝绳端部与吊钩、卡环连接时，不得用打结绳扣的方法来连接。

（4）钢丝绳各插头的连接处不得松动。

（5）断绳保护器所用钢丝绳插入头不得有毛刺、乱头等现象。

（6）吊装中若发现钢丝绳股缝间有异常油量挤出（这是钢丝绳破断的前兆），应立即停用。

（7）通过滑轮或滚筒的钢丝绳不得有接头。

（8）钢丝绳不得接触到酸（碱）液或热体。

（9）严禁钢丝绳和电焊机的导线或其他电线相接触。

（10）环绳结合段长度不应小于钢丝绳直径的 20 倍，但最短不应少于 300mm。

（11）双头绳索结合段长度不应小于钢丝绳直径的 20 倍，但最短不应少于 300mm。

（12）环绳及绳索必须经过 1.25 倍容许工作荷重的静力试验合格后，方可使用。

（二）起重吊带

起重吊带是用高强度聚酯工业长丝为原料织成吊装带。用于装卸与起升货物时连接起升工具和货物的柔性元件。多用于吊装精密仪器、表面光洁高度的物件。它分为单吊带、复式吊带和多层吊带。

1. 检查及试验

（1）安全要求。起重吊带应每月检查 1 次，每年试验 1 次。

（2）试验方法。以 1.25 倍容许工作荷重进行 10min 的静力试验，不应有断裂及显著的局部延伸现象。

（3）起重吊带出现下列情况之一，应报废：

1）织带（含保护套）严重磨损、穿孔、切口、撕断。

2）承载接缝绽开、缝线磨断。

3）起重吊带纤维软化、老化、弹性变小、强度减弱。

4）纤维表面粗糙易于剥落。

5）起重吊带出现死结。

6）带表面有过多的点状疏松、腐蚀、酸碱烧损以及热熔化或烧焦。

7）带有红色警戒线起重吊带的警戒线裸露。

2. 注意事项

（1）起重吊带应在避光和无紫外线辐射的场所存放。严禁使用受潮吊带。

（2）在移动起重吊带和货物时，不得拖拽。

（3）起重吊带承载时不得打拧。

（4）起重吊带不得打结使用。

（5）不得使用无护套的起重吊带承载有尖角、棱边的货物。

（6）起重吊带不得长时间悬挂货物。

（7）几支起重吊带同时使用时，尽可能使载荷均匀分布在每支起重吊带上。

（8）不要把起重吊带存放在有明火或其他热源附近。

（三）起重吊钩

起重吊钩是用来吊装重物的钩子。它是锻成的或用钢板铆成的。它分为环眼吊钩、鼻型吊钩、羊角滑吊钩。

1. 检查及试验

（1）安全要求。起重吊钩应每月检查 1 次，每年试验 1 次。

（2）试验方法。以 1.25 倍容许工作荷重进行 10min 的静力试验，用放大镜或其他方法检查，不应有残余变形、裂纹及裂口现象。

（3）起重吊钩出现下列情况之一，应报废：

1）起重吊钩有裂纹。

2）危险断面磨损达原尺寸的 10%。

3）开口度比原尺寸增加 15%；扭转变形超过 10℃。

4）危险断面或吊钩颈部产生塑性变形。

5）板钩衬套磨损达原尺寸的 50% 时，应报废衬套。

6）板钩心轴磨损达 5% 时，应报废心轴。

7）发现起重吊钩焊补以及受到高温、强腐蚀等。

8）吊钩无防脱装置或损坏。

2. 注意事项

（1）起重吊钩必须有制造厂家的技术规范，有防脱保险装置。

（2）严禁使用铸成的或用钢条弯成的吊钩。

（3）严格使用有裂纹、显著变形、劣质或报废的吊钩。

（4）起重吊钩工作部分正常磨损断面面积不得超过原断面面积 10%。

（5）严禁在吊钩上焊补或在受力部位钻孔。

（四）起重卸扣

起重卸扣是作为端部配件直接吊装物品或构成挠性索具的连接件，它分为 D 型和弓型两种。

1. 检查及试验

（1）安全要求。起重卸扣应每月检查 1 次，每年试验 1 次。

（2）试验方法。以 2 倍容许工作荷重进行 10min 的静力试验，用放大镜或其他方法检查，不应有残余变形、裂纹及裂口现象。

（3）卸扣出现下列情况之一，应报废：

1）卸扣已有明显永久变形，横销已不能转动自如。

2）本体与横销任何一处横截面磨损超过 10%。

3）卸扣任何一处发生裂纹。

2. 注意事项

（1）使用卸扣时，应将钢丝绳一根绳环拉在螺栓上，另一根绳环拉在 U 形环顶端。严禁卸扣横向受力。

（2）严禁超载卸扣。

（3）严禁使用有裂纹、显著变形、劣质或报废的卸扣。

（4）使用卸扣时，应避开所吊物件的棱角处。

第三节　物　体　打　击

物体打击是指失控物体重力或惯性力造成的人身伤害。如落物、滚石、锤击、碎裂、崩块等。注意不包括爆炸引起的物体打击。

一、物体打击类型及原因

（一）物体打击的类型

（1）物体（工具、零件、砖瓦、木块等）从高处掉落砸伤人。

（2）起重作业时，吊物坠落砸伤人。

（3）正在运行的设备突然故障，零部件飞出击中伤人。

（4）人为从高处乱扔废物、杂物砸伤过路人。

（5）用工器具误碰运转设备，工器具反弹伤人。

（6）各类容器爆炸的飞出物击中伤人。

（二）物体打击原因

（1）进入现场不戴安全帽，或佩戴不规范。

1）为了应付检查随意戴安全帽，未扣紧下颚带。

2）在现场临时休息时，坐在安全帽上。

3）现场上方无交叉作业时，认为不用戴安全帽。

4）在室内作业时，认为不用戴安全帽。

（2）高处作业的防落物措施不完善。

1）高处平台上的底脚无护板。

2）脚手架搭设不规范，脚手板不铺满等。

3）高处物料堆放不稳、过多、过高或乱堆放。

4）防护网（平网、密目网）的防护不严，不能封住坠落物体。

5）高处作业下方未设警戒区域，未设专人看护。

（3）忽视对作业环境存在不稳定物体的检查。

1）认为作业环境的物体都处于稳定状态，无需检查。

2）检查时粗枝大叶，忽略细微之处。

3）发现不稳定物体，对可能产生的后果估计不足，盲目作业。

（4）随意抛掷物件。

1）认为抛掷小物件省时省力。

2）认为周围无人，不会造成伤害。

3）认为小物件对人伤害不大。

（5）在高处传递物件不系安全绳。

1）不系安全绳。

2）嫌系安全绳麻烦。

3）认为下面无人，不会造成伤害。

（6）捆绑吊物不牢，吊物坠落伤人。

1）捆绑位置不当，吊物滑脱。

2）绳扣捆绑不当，捆绑不牢。

（7）违章作业。如戴手套使用手锤或单手抡大锤等。

二、安全防范

（一）个人能力要求

（1）进入生产现场的人员必须进行安全教育培训，掌握相关的安全防护知识。

（2）手工加工的作业人员必须掌握工机具的正确使用方法及安全防护知识。

（3）人工搬运的作业人员必须掌握撬杠、滚杠、跳板等工具的正确使用方法及安全防护知识。

（二）个体防护要求

个体防护用品必须选用具有国家《劳动防护用品安全生产许可证书》的资质单位产品，且有"产品合格证""检验合格证"。防止物体打击的常见个体防护用品有安全帽、护目眼镜。

1. 安全帽

安全帽是防止冲击物伤害头部的防护用品，主要由帽壳、帽衬、下颚带和后箍组成。帽衬与帽顶间隙为20～50mm，与帽壁间隙为5～20mm。它分为植物枝条编织帽、塑料帽、纸胶帽、玻璃钢（维纶钢）橡胶帽。一般使用玻璃钢（维纶钢）橡胶帽。

使用期限：从制造之日起，塑料帽小于等于2.5年，玻璃钢帽小于等于3.5年。

2. 防护眼镜（罩）

防护眼镜是为防止物质的颗粒和碎屑、火花和热流等对人眼造成的伤害。防止物体打击的护目眼镜有硬质玻璃片护目镜、胶质黏合玻璃护目镜、钢丝网护目镜三种。其中，胶质黏合玻璃护目镜可承受冲击、击打破碎时呈龟裂状，但不飞溅；钢丝网护目镜可防止金属碎片（屑）、砂尘、石屑、混凝土屑等飞溅物对眼部的打击。

（三）着装要求

（1）进入生产现场的人员必须戴好安全帽。

（2）手工加工的作业人员必须戴好安全帽、护目眼镜（罩）。

（3）人工搬运的作业人员必须戴好安全帽、防护手套，穿好防砸鞋。必要时穿戴好披肩、垫肩。

（四）安全管理要求

（1）进入现场应戴好安全帽，扣紧下颚带。

（2）高处作业应铺设隔离层隔离落物。

（3）临时设施的盖顶不得使用石棉瓦作盖顶。

（4）边长小于或等于 250mm 的预留洞口应用坚实的盖板封闭，用砂浆固定。

（5）一般常用工具应放在工具袋内，物料传递不准往下或向上乱抛材料和工具等物件。

（6）高处物料应堆放平稳，不得放在临边及洞口附近，并不可妨碍通行。

（7）高处安装起重设备或垂直运输机具，要注意零部件落下伤人。

（8）吊运大件应用有防止脱勾装置的吊勾或卡环，吊运小件应用吊笼或吊斗，吊运长件应绑牢，吊运散料应用吊篮。

（9）拆除或拆卸作业要在设置警戒区域、有人监护的条件下进行。

（10）高处拆除作业时，对拆卸下的物料、建筑垃圾要及时清理和运走，不得在走道上任意乱放或向下丢弃。

（11）使用工具前，应检查工具完好，禁止戴手套使用手锤或单手抡大锤。

（12）高处作业的下方不得同时有人作业。必须同时作业时，应做好防止落物伤人的措施，并设专人监护。

（13）机器启动前应认真检查，保证安全可靠使用，防止零部件飞出伤人。

（14）转动机器应加装防护罩，不得触及转动部位。

（15）做好受压容器安全管理，防止受压容器爆炸事故的发生。

三、手工加工

手工加工是指利用手锯、大（手）锤、手钳、錾子、丝锥与板牙、台式钻床、台虎钳、射钉器（枪）等工具对工件进行加工的作业。手工加工时常发生工具甩出或脱落、工件弹起、铁屑飞出、刀具切断等人身伤害事件。

（一）手锯

手锯是由锯弓架和锯条组成，主要用于切割小件的金属材料。锯割是用手锯切断材料或在工件上切槽的操作。

1. 安全要求

（1）锯弓架（包括手柄）应用钢质材料，伸缩部分完好坚固。严禁使用无手柄的手锯。

（2）锯条应用钢质材料制成，并经过热处理变硬。

（3）安装或更换锯条时，锯条齿尖方向应朝前，松紧程度应适当，不得歪斜和扭曲。

2. 使用要求

（1）工件必须夹紧，不得松动，以防锯条折断伤人。

（2）手锯握法应是右手握锯柄，左手轻扶弓架前端。

（3）起锯时，用左手拇指指甲靠稳锯条，锯条与工件起锯角为 10°～15°，往复距离应短，用力要轻锯条用拇指指甲引导锯条切入。

（4）锯割时，锯应靠近钳口，方向应正确，压力和速度应适中。

（5）锯扁钢应从宽面下锯，这样锯缝浅，容易整齐。

（6）锯圆管不可从上到下一次锯断，应当在管壁锯透时，将圆管向着推锯的方向转过一个角度，锯条仍从原锯缝锯下去，不断转动，直到锯断为止。

（7）锯深缝时，应将锯条转 90° 安装，锯弓放平推锯。

（8）锯割中更换新锯条后，应将工件调头锯割，不宜继续沿原锯口锯割。

（9）工件将要锯断时，要轻轻用力，以防压断锯条或者工件落下伤人。

（二）大（手）锤

大（手）锤是由锤头和木柄组成，主要用于敲打物体使其移动或变形的工具。

1. 安全要求

（1）大（手）锤的锤头完好无损。

（2）木柄应用整根硬质木料。

（3）锤头与木柄的连接应用金属楔栓固定，楔子长度不得大于安装孔深的 2/3。

2. 使用要求

（1）打锤人不得戴手套。

（2）木柄上不得有油污等易滑介质。

（3）抡大锤时，周围不得有人，不得用单手抡大锤。

（4）人工打眼时，打锤人应站在扶钎子人的侧面，严禁站在对面。

（5）严禁采用 1 人扶钎子，2 人轮流打锤子的方法打眼。

（6）严禁使用已开花的钎头打眼。

（7）锤头淬火应适当，不得直接打硬钢及淬火的部件，以免崩伤人。

（三）手钳

手钳主要用于手夹持、切断金属导线或钢丝。

1. 安全要求

（1）手钳必须带有橡胶绝缘套管。

（2）手钳刀刃应锋利，夹持灵活。

2. 使用要求

（1）使用手钳剪切导线短头时，短头应朝地下，以防短头剪断伤人。

（2）严禁将手钳当成扳手或手锤使用。

（四）錾子

錾子是用来錾削工件的工具。錾子长为 125～175mm。

常见的錾子有扁錾、尖錾、油槽錾。

錾削是指人用手锤敲击錾子对金属进行切削加工的操作。錾削一般用来錾掉锻件的飞边、铸件的毛刺和浇冒口，錾掉配合件凸出的错位、边缘及多余的一层金属，分割板料和錾切油槽等。

1. 安全要求

（1）錾子应用碳素工具钢锻制而成，平直无损。

（2）刃部应经淬火和回火处理，具有较高的硬度和韧性，刀刃应锋利。

（3）錾子刃宽：扁錾刃宽为 10～15mm；窄錾刃宽为 5～8mm。

（4）錾头不得有毛刺。

2. 使用要求

（1）操作时不得戴手套，以免打滑。

（2）榔头的锤头与手柄连接应牢固，手柄上无油污。

（3）加工板材用扁平錾；加工窄小平面用尖錾；加工油槽用油槽錾。

（4）手握錾子时，露出虎口上面的錾子顶部不宜过长，一般为 10～15mm。

（5）錾削时，严禁錾口对人，注意切屑飞溅方向，以免伤人。

（6）錾削临近终了时，应减力锤击，以免用力过猛伤手。

（五）丝锥、板牙

丝锥是加工内螺纹的工具，其操作为攻螺纹；板牙是加工外螺纹的工具，其操作为套螺纹。

1. 丝锥与铰杠

丝锥是一段开槽的外螺纹，由切削部分、校准部分和柄部组成。切削部分磨成圆锥形，切削负荷被分配在几个刀齿上；校准部分具有完整的齿形，用以校准和修光切出的螺纹，并引导丝锥沿轴向运动，丝锥有 3～4 条容屑槽，便于容屑和排屑；柄部有方头，用以传递扭矩。铰杠是夹持丝锥方头的架子。

（1）安全要求。

1）丝锥应用合金工具钢或高速钢制造，并经淬火硬化。

2）丝锥的切削刃必须锋利，螺纹完整，容屑槽无损。

3）丝锥与铰杠装配合适、紧固。

（2）使用要求。

1）根据螺纹底孔直径，选用合适的丝锥。一般工件上螺纹底孔直径应比螺纹内径稍大些。

2）不通孔攻螺纹时，钻孔深度应稍大于螺纹长度，增加长度为 0.7 倍的螺纹外径。

3）铰杠的规格应与丝锥大小相适应。小丝锥不得用大铰杠，以防丝锥折断伤人。

4）攻螺纹时，每转几转后应倒转 1/4 转，断屑，以防切屑过长甩出伤人。

5）旋转铰杠时，不需要加压。

6）在钢料上攻螺纹时，应加浓乳化液或机油。

7）在铸铁件上攻螺纹时，一般不加切削液，若螺纹表面粗糙度要求较低时，可加煤油。

2. 板牙与板牙架

板牙是由切屑部分、定位部分和排屑孔组成。板牙的形状和螺母相似，在靠近螺纹外径有 3～8 个排屑孔，形成切削刃，外圆有 2 个调整螺钉的锥坑、2 个装夹螺钉的锥坑。按外形分为圆板牙、方板牙、六角板牙、管形板牙。板牙架是夹持板牙的架子。

（1）安全要求。

1）板牙必须用合金工具钢或高速钢制造，并经淬火硬化。

2）板牙的切削刃必须锋利，螺纹完整，排屑孔无损。

3）板牙与板牙架装配合适、紧固。

（2）使用要求。

1）套螺纹前，根据圆杆直径选用板牙。圆杆直径应比螺纹外径小些，一般减小 0.2～0.4mm。

2）开始转动板牙架时，应稍加压力，待板牙已切入圆杆后，不再施压力，均匀旋转即可。

3）套螺纹时，每转几转后应倒转 1/4 转，断屑，以防切屑过长甩出伤人。

4）钢件套螺纹应加切削液。

（六）台式钻床

台式钻床是钻小孔的工具，由主轴架、立柱和底座等部分组成。其中，主轴架前端装主轴，后端装电动机，主轴和电动机之间用三角带传动，主轴下端有锥孔，用以安装钻夹头，扳转进给手柄，能使主轴向下移动，实现进给运动；立柱是用以支持主轴架；底座是用以支承钻床、装夹工件的工作台。

1. 安全要求

（1）钻床各部件应完好无损，固定稳固。

（2）钻夹头应固定牢固，自动定心卡爪应完整灵活，夹持钻头应垂直紧固。

（3）钻床电源线、接地线应完好无损，接地良好。

（4）底座、立柱应支承钻床稳固，工作台完好。

（5）钻床启动正常，扳转进给手柄，进给运动正常。

（6）钻床各保护装置应齐全、可靠。

（7）加工工件的孔径不得大于12mm。

2. 使用要求

（1）操作人应穿工作服，头发卷起并戴在帽内。严禁戴手套。

（2）钻孔前，工件应划线定心，并在定心处冲出小坑。

（3）根据工件孔径大小和精度要求选择合适的钻头。

（4）装夹钻头后，必须开车检查钻头是否偏摆。

（5）钻大孔时，转速应低些，以免钻头磨钝。

（6）钻小孔时，转速应高些，进给慢些，以免钻头折断。

（7）钻孔时，进给速度应均匀，快钻通时，进给量要减小。

（8）钻韧性材料时，应加切削液。

（9）钻深孔时，钻头应经常退出、排屑和冷却，以防切屑过长甩出伤人。

（10）钻头连续使用时间较长时，必须停止冷却，以防钻头过热折断伤人。

（11）清除切屑时，必须停钻进行，应用刷子，不得用手抹或用嘴吹。

（七）台虎钳

台虎钳是安装在工作台上的，用来夹持工件的一种工具。台虎钳由钳体、底座、导螺母、丝杠、钳口体等组成，分为固定式和回转式两种。

1. 安全要求

（1）台虎钳安装时，钳口工作面应位于工作台边缘，且固定牢固。

（2）台虎钳夹紧手柄后，转盘应稳固不动。

（3）转动丝杆时，带动活动钳身行走灵活、无卡涩。

（4）台虎钳的钳口完好，夹持工件牢固。

（5）丝杠、螺母等活动表面未生锈，且润滑良好。

2. 使用要求

（1）夹持工件时，应用手扳紧即可，不得用加力杆或敲击。

（2）严禁在活动钳身和光滑平面上敲击作业。

（3）虎钳使用后，应松开钳口。

（八）射钉器（枪）

射钉器（枪）是利用发射空包弹产生的火药燃气作为动力，将射钉打入建筑体的工具。它包括射钉弹、射钉。

1. 安全要求

（1）射钉器必须有出厂检验合格证。

（2）使用者应熟知射钉器构造、工作原理及操作方法。

（3）使用前，检查射钉器各部位，确认无误后，方可使用。

（4）根据被固件和基体的材料，选择适当的射钉弹和射钉。

（5）在射钉器使用结束，或维修、保养前，必须取出射钉弹。

2. 使用要求

（1）射钉器应先装射钉，后装射钉弹。

（2）装入射钉弹后，严禁用手拍打发射管、推压钉管或对准人，并注意不要摔落在地上。

（3）射击时，应将送弹器推到原位后，方可射击。

（4）对已装好射钉和射钉弹的射钉器，如暂时不用时，应立即将弹、钉退出。

（5）射击时，如射钉弹未发火，应等待 5s 以后，才能松开射钉器，抽出送弹器，将弹旋转 90°，再进行第二次或第三次射击，若再不发火，则可更换新弹射击。

（6）每发射击后，应立即拉出送弹器，退出弹壳。

（7）如连续射击，射钉器各运动零件有阻滞现象或发射管过热，应将射钉器拆卸，在煤油中清洗或冷却后再用。

（8）射击完毕后，必须拆卸，零件用煤油清洗，擦拭干净后，涂上防锈油。

四、人工搬运

人工搬运是指利用肩扛（抬）、手搬（抬），或者使用撬杠、滚杠、跳板等工具将物件移位。

（一）肩扛（抬）

肩扛（抬）是用人体的肩部杠起物件后移位的一种方式。肩扛是 1 人，肩抬是多人。要注意以下安全要求：

（1）物件质量以不超过本人体重为宜。

（2）肩扛时，最好有人搭肩，搭肩应稍下蹲，待重物到肩后，直腰起立，不能弯腰，以防扭伤腰部、重物掉落伤人。

（3）肩扛管子、工字铁梁等长形物件时，应注意防止物件甩动打伤他人。

（4）搬运开口容器内的液体时，液体不得盛满，严禁肩扛搬运。

（5）严禁一人肩扛压缩气瓶搬运。

（6）严禁用肩扛、背驮的方法搬运盛装浓酸（碱）溶液的容器。

（7）多人抬运物件时，必须有一人喊号，步调一致，同起同落，换肩时重物须放下。

（8）二人抬运物件时，水平行走必须顺肩，前后行走必须同肩，上下起落应一致。

（二）手搬（抬）

手搬（抬）是用手部搬起物件后移位的一种方式。手搬是 1 人，手抬是多人。要注意以下安全要求：

（1）手搬物件时应量力而行，不得搬运超过自己能力的物件。

（2）手搬物件时，物件的高度不得超过人的眼睛。

（3）严禁用手抱的方法搬运盛装浓酸（碱）溶液的容器。

（4）容易破碎的物品必须放在适当的框、篮或架子上搬运。

（5）两人或多人手抬物件时，必须统一指挥、相互配合，同起同落、同时行进。

（6）在升压站搬运较长物件（如梯子）时，必须 2 人手抬搬运。

（三）撬杠

撬杠是用来撬动物件移位或调整方向的常用工具。要注意以下安全要求：

（1）作业时应将撬杠放在身体一侧，两腿叉开，两手用力。

（2）严禁骑在撬杠上作业。

（3）严禁将撬杠放在肚子下作业，以免撬杠滑脱或反弹伤人。

（四）滚杠

移动较为沉重的重物时，一般多采用滚杠，即在重物的下方放入托板，在托板的下方放入滚杠。要注意以下安全要求：

（1）使用的滚杠能承受重压、直径相同、光滑笔直。

（2）滚杠承受重物后两端各露出约 300mm，以便调节转向。

（3）在重物滚动搬运中，放置滚杠应在重物移动的前方，并应有一定距离。需要增加滚杆时必须停止移动。严禁用手去拿受压的滚杠，以防压伤手指。

（4）调整滚杠方向时，应用锤击，严禁用手搬动。

（5）重物上坡时，应用木楔垫牢滚杠，以防滚杠滚下。

（6）重物下坡时，必须用绳子拉住重物，防止下滑过快。

（五）跳板

用人工搬运或装卸较重物件时，需要搭设跳板。要注意以下安全要求：

（1）必须使用厚 50mm 以上木板，不得使用腐朽、扭纹、破裂的跳板。

（2）单行跳板宽度不小于 600mm，双行跳板宽度不小于 1200mm。

（3）跳板坡度不大于 1:3。跳板长超过 5000mm 时，下部应设支撑。

（4）跳板两头应包扎铁箍，以防裂开。

（5）从斜跳板卸物件时，必须用绳子将物件从后面拴住，作业人员应站在卸放重物的两侧，严禁站在卸放重物的正面下边。

（六）简单搬运工具

搬运物件距作业点较远时，需要使用简单的搬运工具。要注意以下安全要求：

（1）搬运盛装浓酸（碱）溶液的容器时，应 2 人搬运，严禁 1 人单独搬运。

（2）用车子或抬箱搬运浓酸（碱）溶液容器时，必须将容器放在车上或抬箱，且捆绑牢固。

（3）加热的液体应放在专门的容器内搬运，且不应盛满，应用车子推或 2 人抬。严禁 1 人肩荷搬运。

（4）用小车推物时，无论是推或拉，物体必须在人的前方。

（5）搬运压缩气瓶时，应 2 人手抬放入专用小车搬运。严禁抛丢或在地上滚撞。

（6）使用三轮车、手推车搬运管子、工字铁梁等长形物件时，应垫好防滑垫板，且捆绑牢固。

（7）使用手推车搬运物体时，重物装载应均衡，防止翻车伤人。

五、高处落物防控

高处落物主要指高处作业人员向下抛掷物件、搬运物件失控掉落或高处物件摆放失稳掉落，有可能砸伤下方人员。

（一）安全作业现场

（1）高处作业时，必须做好防止物件掉落的防护措施，下方设置警戒区域，并设专人监护。必要时在作业区域内搭设防护棚。

（2）生产现场的孔洞盖板必须盖好，以防砸伤下方人员。

（3）格栅式平台作业区域的下方应设置警戒区域，专人监护。必要时可在平台上铺设垫布（皮、板子等）。

（4）上下层同时作业时，中间必须搭设严密牢固的防护隔板、罩棚或其他隔离设施。

（5）在建（构）筑物上方存在落物危险的场所，下方应设置警戒区域、专人监护。

（6）在有可能高处落物的场所必须悬挂"当心落物"警告牌。

（二）安全作业行为

（1）在进行高处工作时，不得在工作地点的下面通行或逗留。

（2）高处作业必须佩戴工具袋时，工具袋应拴紧系牢。

（3）高处上下传递物件时，应用绳子系牢物件后，再传递。严禁上下抛掷物件。

（4）高处临边不得堆放物件。空间小必须堆放时，必须采取防坠落措施。

（5）发现高处有可能坠落的物件应及时加固，或采取其他防坠落措施。

（6）较长的物件应用绳拴在牢固的构件上，不准随便乱放，以防失稳坠落。

（7）高处场所的废弃物应及时清理。

（8）进入锅炉燃烧室前，应检查砖块、焦渣有无塌落的危险，如有危险应先打焦渣、后进入。

（9）发现建（构）筑物或设备等高处有结冰时，应及时清理。

第四节　触电（电气作业）

当人体接触到具有不同电位两点时，由于电位差的作用，就会在人体内形成电流。这种现象就是触电。

一、用电常识

（一）电压与电流

（1）高压电和低压电。凡对地电压大于250V者称为高压电，如6、220kV 和500kV 等；凡对地电压为250V 及以下者称为低压电，如220、380、36、24V 等。

（2）安全电压。我国确定的安全电压标准为42、36、24、12、6V。当带电体超过 24V 的安全电压时，必须采取防止直接接触带电体的保护措施。

在工作地点狭窄，行动不便以及周围有大面积接地导体的环境（如汽包、加热器、隧道内等）作业时，手提照明灯应采用 12V 安全电压。

（3）安全电流。交流电 10mA、直流电 50mA 为人体的安全电流。当带电体超过安全电流时，对人体是不安全的，必须采取防止直接接触带电体的保护措施。

（二）触电伤害种类

（1）电击。电流通过人体时所造成的伤害，属于内伤。这时，电流作用于控制心脏工作的神经中枢，会使正常的生理活动受到破坏，人的肌肉强烈收缩，会使人摔向一边。触电死亡事故绝大部分是电击造成的。

（2）灼伤。电流的热效应对人体外部所造成的伤害。当人体与带电体的距离小于或等于放电距离时，就会放电产生电弧，电弧通过人体形成回路，灼伤人。

（3）电烙印。电烙印由电流化学效应和机械效应引起的伤害。例如，手被电烙印后会造成僵死。

（4）皮肤金属化。在电流作用下，融化和蒸发金属微粒渗入皮肤表面造成的伤害。这时皮肤的伤害部位会变得粗糙，日久逐渐剥落。

（5）放射性伤害。在电流作用下，金属粉末或电弧放射使眼睛受到的伤害或使人丧失知觉。

（三）触电常见形式

（1）单相触电。单相触电指人体某一部分触及一相带电体。据统计，人体发生单相触电事故占触电事故总数的 95% 以上。

（2）两相触电。人体两个部位同时触及两相带电体。施加人体的电压为全部工作电压，这种触电方式造成的后果最严重。

（3）跨步电压触电。若电力系统—相接地或电流自接地体向大地流散时，将在地面上呈现不同的电位分布，当人的两脚站在不同电位地面上时，两脚之间承受电位差，称为跨步电压。人的跨距一般取 0.8m，在沿接地点向外的射线方向上，距接地点越近，跨步电压越大；距接地点越远，跨步电压越小；距接地点 20m 外，跨步电压接近于零。

当电流通过人的两腿时，两腿发生抽盘会使人跌倒。当人发觉有跨步电压时，应立即将双脚并在一起或用一条腿跳着离开导线断落地点。

（4）接触电压触电。当电气设备接地短路时，不仅会发生跨步电压触电，也会发生接触电压触电。例如，运行中的电动机因故障使外壳带电，当人体接触电动机外壳时，就会触电。

（5）雷击触电。接触因雷击产生的感应电荷引起的电伤害。雷雨天，高耸物体（如旗杆、高树、塔尖、烟囱、电线杆等）是闪电通道，所带感应电荷比地面大，人在下面会被击伤。

（四）触电主要原因

触电主要原因如下：

（1）电气线路或设备安装时，不符合安全要求。

（2）电气线路或设备检修时，不落实安全措施。

（3）非电工任意从事电气工作。

（4）接线错误。

（5）移动长、高金属物体触碰高压线。

（6）作业中误碰带电体或误送电触电。

（7）触碰漏电的设备。

（8）使用漏电的电动工器具或不合格绝缘用具。

（9）现场临时用电管理不善导致触电。

（10）因暴风雨、雷击等自然灾害导致触电。

二、预防触电措施

（一）个人能力要求

（1）电工属于特种作业人员，包括电气操作人员、电气检修和维护人员。

（2）电工必须经专业技能培训，并应取得《特种作业操作证》（电工作业）。

（3）带电作业人员除取得《特种作业操作证》外，还须取得《带电作业资格证》。

（二）个体防护要求

电工的个体防护用品主要有高压绝缘鞋（靴）、高压绝缘手套等，而且必须选用具有国家《劳动防护用品安全生产许可证书》资质单位的产品。

（1）高压绝缘鞋（靴）。使用绝缘材料制作的一种安全鞋。凡从事电气作业的人员必须穿绝缘鞋（靴），且满足以下安全要求：

1）鞋帮上应有绝缘永久标记（如红色闪电符号），鞋底有耐电压多少伏等标记，鞋胶料部分无破损。

2）绝缘鞋（靴）的检验周期为 6 个月，并贴有"检验合格证"标识。

3）必须在规定的电压范围内使用，不得在水、油、酸、碱等环境内作为辅助安全用具使用。

4）绝缘鞋（靴）应干燥，不得在鞋底上钉铁钉。

（2）高压绝缘手套。用天然橡胶制成，即用绝缘橡胶或乳胶经压片、模压、硫化或浸模成型的五指手套。手套长度为 457mm。凡从事电气倒闸操作人员必须戴绝缘手套，且满足以下安全要求：

1）高压绝缘手套按电压等级分为 10、20、30、35、40kV 等，操作人员可根据不同电压等级的作业场所正确选择。

2）高压绝缘手套的检验周期为 6 个月，并贴有"检验合格证"标识。

3）每次使用高压绝缘手套前，必须做气密性试验检查，确认无漏气后方准使用。

4）高压绝缘手套应存放在密闭的橱内，应与工具、仪表分别存放。

5）使用高压绝缘手套时，不得接触油类及腐蚀性物质。

（三）着装要求

（1）电工必须穿好工作服、绝缘鞋，戴好安全帽。

（2）验电、接地线的操作人员必须穿好工作服、绝缘鞋（靴），戴好安全帽、绝缘手套。

（四）管理措施

（1）选择和安装电气设备应符合安全原则。

（2）电气设备倒闸操作，应严格执行"操作票制度"，杜绝电气误操作。

（3）电气设备检修，必须做好安全措施，保证检修设备与带电体可靠隔离。

（4）使用行灯照明电压不准超过 36V，容器内不准超过 12V。

（5）临时电源回路必须安装合格的漏电保护器。

（6）作业时，人体的正常活动范围与带电体应保持足够的安全距离。

（7）采取保护接地和保护接零，防止电气设备漏电伤人。

（8）使用电动工器具前，要认真检查，确保完好无损和绝缘良好，并有检验合格证。

（9）接临时电源时，要检查检修电源箱内装有漏电保护器，并符合安全要求。

（10）正确使用绝缘的手套、鞋、垫、夹钳、杆和验电笔等安全工具。

（11）焊工作业时，应穿好绝缘鞋、穿戴焊接专用工作服。

（12）严禁非电工从事电气工作。

（13）生产现场防雷设施必须完好。

三、绝缘安全用具

绝缘安全用具是指能直接操作带电设备或触及可能带电体的工器具。必须选用具有"生产许可证""产品合格证""安全鉴定证"的产品；使用前必须检查是否贴有"检验合格证"标签，检验周期为 1 年。发电企业常用的绝缘安全用具有绝缘操作杆、验电器、携带型短路接地线等。

（一）绝缘操作杆

绝缘操作杆是由工作头、绝缘杆和握柄构成，用于短时间对带电设备进行操作的绝缘工具。绝缘杆主要用于接通或断开高压隔离开关、跌落式熔断器，装拆携带式接地线，以及进行测量和试验。按电压等级分为 10、35、110、220、330、500kV，按长度分为 3、4、5、6、8、10m。

1. 绝缘操作杆的安全要求

（1）绝缘操作杆的电压等级标识必须清晰、准确。

（2）绝缘操作杆的绝缘部分长度不得小于 0.7m。

（3）连接绝缘操作杆的节与节的丝扣必须完好，连接牢固。

（4）绝缘操作杆必须定期检验，检验周期为 12 个月。

（5）绝缘杆应悬挂在支架上，不得与墙面接触或斜放。

2. 绝缘操作杆的使用要求

（1）使用前必须对绝缘操作杆进行外观检查，且核对与操作设备的电压等级。

（2）在连接节与节的丝扣时，绝缘杆应离开地面拧紧丝扣。以防杂草、土进入丝扣中或粘在杆体的表面上。

（3）使用时应避免减少对杆体的弯曲力，以防损坏杆体。

（4）使用后应及时将杆体表面的污迹擦拭干净，并把各节分解后装入专用工具袋内。

（5）对不合格的绝缘杆必须立即报废，严禁降低标准使用。

（二）验电器

验电器由接触电极、指示器、绝缘杆和握柄构成，是检验电气设备、线路是否带电的装置。按电压等级分为 3～10、35、110、220、500kV。

1. 验电器的安全要求

（1）验电器的电压等级标识必须清晰、准确。

（2）验电器必须定期检验，检验周期为 6 个月。

（3）验电器应存放在防潮柜内，并放在干燥的地方。

2. 验电器的使用要求

（1）使用前必须对验电器进行外观检查，且核对与被检测用电设备的电压等级。

（2）验电前，必须先在已知有电的高压设备上测试，确认验电器完好。

（3）验电时，应将验电器缓慢移近高压设备，直到接触导体部分。若验电器无声、光指示，可判断为无电；否则，有电。

（三）携带型短路接地线

携带型短路接地线由导线端线夹、短路线、接地线、接线鼻、汇流夹、接地端线夹（或临时接地极）以及接地操作棒构成。它是用于防止电气设备、线路突然来电，消除感应电压，放尽剩余电荷的临时接地装置。它分为三相三线制、三相四线制。

1. 携带型短路接地线的安全要求

（1）携带型短路接地线必须编号、登记。

（2）携带型短路接地线检验周期为五年，检验项目同出厂检验。

（3）存放携带型短路接地线时，应对号入座，并挂在墙上或放在箱内。

2. 携带型短路接地线的使用要求

（1）使用前必须对接地线的外观检查，并按不同电压等级选用对应规格的接地线。

（2）挂接地线前，必须先验电，确认导体无电。

（3）挂接地线时，应先挂接地端后挂导体端；拆除接地线时，与此相反。

（4）严禁使用其他金属线代替接地线。

（5）检修人员不得擅自变更挂接地线的地点。

四、手持电工工具

手持电动工具是以电动机或电磁铁为动力，通过传动机构驱动工作头的一种机械工具。它分为三类：

一类工具为金属外壳，电源部分具有绝缘性能，适用于干燥场所。

二类工具不仅电源部分具有绝缘性能，同时外壳是绝缘体，即具有双重绝缘性能，工具铭牌上有"回"字标记，适用于比较潮湿的作业场所。

三类工具是由安全电压电源供电，适用于特别潮湿的作业场所和在金属容器内作业。

发电企业经常使用的电动工具有手电钻、冲击钻、电锤、砂轮机、坡口机、手提电锯等。

（一）手持电动工具的安全要求

（1）购置时，必须选用具有"中国电工产品安全认证""产品合格证"的产品。

（2）使用前，必须检查工具上贴有"检验合格证"标识，检验周期为 6 个月。

（3）手持电动工具的绝缘电阻、耐压试验须满足以下指标：

1）绝缘电阻。用 500V 绝缘电阻表测量，带电部件与外壳之间绝缘电阻值。

Ⅰ类工具，$\geqslant$2MΩ；

Ⅱ类工具，$\geqslant$7MΩ；

Ⅲ类工具，$\geqslant$1MΩ。

2）耐压试验。绝缘耐压试验电压为 380V，试验时间为 1min 通过。

（4）手持式电动工具必须采用橡皮护套铜芯软电缆，不得有接头。

（二）手持电动工具的使用要求

（1）使用前，必须检查电动工具外观完好，试转正常；且根据使用场所正确选用不同电压类别的电动工具。

（2）使用金属外壳的电动工具时，应戴绝缘手套。

（3）使用塑料外壳的电动工具时，不得与汽油及其他有机溶剂接触。

（4）手持电动工具必须接在装有漏电保护器的电源上。

（5）工具的电源线不得接触热体、潮湿或腐蚀的地上。经过通道必须采取架空或套管等保护措施，严禁重物压在导线上。

（6）使用电动工具时，不得提着电动工具的导线或转动部分。

（7）使用工具时，不得将电缆金属丝直接插入插座内使用。

（8）长期搁置不用或受潮的工具使用前，必须摇测绝缘电阻，合格后使用。

（9）作业点距检修电源箱较远时，应用移动电缆盘或移动开关箱，不得接长工具自带的电缆。

（10）在金属容器内和狭窄场所必须使用 24V 以下的电动工具，或选用Ⅱ类手持式电动工具。

（11）电源连接器和控制箱等设备应放在容器外面。

（12）吊篮上使用的便携式电动工具的额定电压值不得超过 220V，并应有可靠的接地。

五、现场临时用电

现场临时用电是指现场作业中需要使用各种电气设备、电动工具、照明等用电。发电企业常见的临时用电设备有检修电源箱、移动电缆盘、临时照明、电焊机、临时电缆敷设等。

（一）检修电源箱

检修电源箱是专为生产现场配备的临时电源（交流电压 380/220V），它分为普通检修电源箱、防爆检修电源箱。即带接线柱检修电源箱、带固定插座检修电源箱和防爆检修电源箱。

1. 检修电源箱的安全要求

（1）箱内必须安装自动空气开关、漏电保护器、接线柱或插座、专用接地铜排和端子等。

（2）箱内的专用接地铜排必须与箱体绝缘隔离，且直接接入主接地网，接地引下线截面积不得小于 $50mm^2$。

（3）电缆屏蔽接地必须接至专用接地铜排上。

（4）箱体必须有明显的可靠接地，接地、接零标志应清晰。

（5）检修电源箱必须固定牢固。

（6）防爆检修电源箱应安装于氢站、氨站、油区、危险化学品间等特殊场所。

2. 检修电源箱的使用要求

（1）电源接线必须由电工进行，非专业人员严禁接线。

（2）电源线必须从检修电源箱的进线孔引出，严禁从箱门将电源线引出。

（3）严禁将电源的接地线缠绕在地线板上，接地线必须用螺栓压紧。

（4）接临时电源时，必须核对用电负荷与电源箱的载荷容量，严禁超载用电。

（5）用电设备的电源线应接在检修电源箱的接线柱或专用插座上，严禁接在自动空气开关上。

（6）严禁用其他金属丝（如铜丝、铁丝、铝丝等）代替熔丝。

（7）对用电的重要电源（如卷扬机、容器内照明等），应使用专用电源箱并加锁。

（8）严禁将检修电源箱放置在容器内。

（9）拆线时，严禁在不解开接线螺栓的情况下，直接拽下电源线。

（二）移动电缆盘

移动电缆盘是指可以缠绕导线或电缆的线盘，对于小型的电缆盘有线盘支架和提手，大型的电缆盘带有脚轮。它分为普通电缆盘和防爆电缆盘。

1. 电缆盘的安全要求

（1）电缆盘必须装有插座、漏电保护器和电源指示灯。

（2）漏电保护器的额定漏电动作电流不大于 30mA，动作时间不大于 0.1s。

（3）电压型漏电保护器的额定漏电动作电压不大于 36V。

（4）防爆电缆盘适用于氢站、氨站、油区、危险化学品间等特殊场所。

2. 电缆盘的使用要求

（1）使用前必须对电缆盘的外观进行检查，以确认电缆无破损，漏电保护器可靠等。

（2）严禁使用已损坏或无漏电保护器的电缆盘。

（3）严禁用电缆盘连接电气设备，严禁超载运行。

（4）电动工具与电缆盘连接时，必须用插头连接，严禁将铜丝插入插孔内。

（5）电缆不得搭在热源上、易燃易爆物品上或浸泡在水中。

（6）使用后应及时将电缆卷起。

（三）临时照明

临时照明常见的有固定式照明、移动式照明。固定式照明一般使用交流 220V 电压，移动式照明一般使用安全电压。灯具常见的有普通型、防爆型。防爆型灯具一般用于氢站、氨站、油区、危险化学品等特殊场所。

1. 交流 220V 临时照明的安全要求

（1）临时照明导线应用橡皮绝缘线，安装时应将导线悬挂固定，严禁接触高热、潮湿及有油的物体表面或地面上。

（2）临时照明电源必须接在装有相应容量的开关、熔断器及漏电保护器的电源处，严禁将临时线直接接在电源干线上。

（3）室内悬挂灯具距基准面不得低于 2.4m，如受条件限制可减为 2.2m。室外悬挂灯具距基准面不得低于 3m。

（4）在金属脚手架上安装照明灯具时，灯具与架子之间应垫好绝缘物，并固定牢固。

（5）在燃烧室内作业时，应安装 110、220V 临时性的固定照明。

（6）临时照明使用后必须及时拆除收回。

2. 行灯的安全要求

（1）行灯的使用电压不得超过 36V。

（2）行灯变压器应采用双绕组型，一、二次侧均应装熔断器，金属外壳可靠接地。严禁使用自耦变压器。

（3）携带式行灯变压器的高压侧应带三相插头，低压侧带插座，并采用两种不能互相插入的插头。

（4）灯泡外部应有金属保护网，金属网、反光罩、悬吊挂钩应固定在灯具的绝缘部位上。

（5）使用前，必须对行灯变压器、灯具（罩）、灯泡（36V 及以下）外观进行检查，确认安全可靠。

（6）严禁将行灯变压器放置在金属容器或特别潮湿的场所内使用。

（7）作业人员随身携带的移动照明必须为 36V 以下。

（8）在周围均是金属导体的场所、容器内作业时，不得超过 24V。

（9）在潮湿的金属容器内、有爆炸危险的场所作业时，不得超过 12V。

（10）在凝汽器内作业时，应使用 12V 行灯。

（11）在脱硫烟道内作业时，应使用 12V 防爆照明灯具。

（12）在煤粉仓内作业时，应使用 12V 行灯，不得将行灯埋入积粉内。

（13）在地下维护室和沟道内作业时，应使用 12～36V 的行灯。

（14）在有有害气体的地下维护室和沟道内作业时，应使用携带式的防爆电灯或矿工用的蓄电池灯。

（四）电焊机

电焊机主要由降压变压器、调压器、电焊钳、专用接线插头及电源线等部件组成。

1. 安全要求

（1）电焊机应放置在通风、干燥处，露天放置应加装防雨罩。

（2）电焊钳的握柄必须用绝缘耐热材料制成，应牢固地夹住焊条。

（3）电焊机的电源线长度不得超过 5m，且与电焊机连接处应有防护罩。

（4）电焊机与焊钳间的导线长度不得超过 30m，不得有接头，且用专用的接线插头。

（5）电缆的线径应满足负荷要求，不得采用铝芯导线，绝缘外皮不得有破损。

（6）电焊机、焊钳与电缆线连接牢固，接线端头不得外露。

（7）电焊机金属外壳必须有明显的可靠接地，且一机一接地。

2. 使用要求

（1）严禁一闸接多台焊机使用。

（2）调节电焊机电流时，必须停焊进行。严禁在焊接中调节电流。

（3）严禁电焊机超载施焊。

（4）严禁采用大电流施焊。

（5）严禁用电焊机对金属切割作业。

（6）严禁把焊钳放在焊件上。

（7）严禁在带电的设备上进行焊接作业。

（8）严禁将电缆（线）搭在身上或踏在脚下。

（9）严禁连接建筑物金属构架和设备等作为焊接电源回路。

（10）更换焊条时，必须戴电焊手套，以防触电。

（11）雨雪天，不宜在露天进行焊接或切割作业。

（12）在金属容器内焊接作业时，焊工应穿橡胶绝缘鞋，垫好橡胶绝缘垫。

（13）在潮湿地方焊接作业时，焊工应穿橡胶绝缘鞋，站在干燥的木板上。

（14）维修或检查电焊机时，必须切断电源。

（15）移动电焊机时，必须切断电源。严禁用拖拉电缆的方法移动焊机。

（16）焊接结束后立即切断电源，收回焊钳及电缆等。

（五）临时电缆敷设

现场作业点距电源点较远时，经常需要敷设临时电缆来满足使用要求。敷设电缆的安全要求如下：

（1）临时电缆一般使用橡皮护套绝缘软线。

（2）敷设临时低压电源线路，应使用绝缘导线。架空高度室内应大于 2.5m，室外应大于 4m，跨越道路应大于 6m。

（3）脚手架上敷设临时电缆（线）时，木竹脚手架应加绝缘子，金属管脚手架应另设木横担。

（4）在潮湿、氢站、氨站、油区、粉尘等特殊场所敷设临时电源时，应采用特殊电缆（阻燃、防水等）敷设，必要时可对电缆采取保护措施。

（5）在高温体附近敷设电缆时，应保持与高温体间的安全距离。

（6）临时敷设电缆的延线应间隔适当距离设置明显的安全警示标识。

（7）临时电缆（线）不得沿地面明设或随地拖拉。

（8）严禁在氢管（罐）、油管（罐）、热体管道（容器）等上架设临时电缆。

（9）严禁将临时电缆（线）缠绕在护栏、管道及脚手架上。

（10）严禁在未冲洗、隔绝和通风的容器内引入临时电缆。

（11）电缆不得浸泡在水里，不得在尖锐物体中穿行。

（12）拆除脚手架时，应先由电气人员拆除电气设备及临时电缆（线），然后再拆架子。

六、典型触电防控之一——触碰带电体

触碰带电体是指人直接接触或间接接触带电的设备。发电企业作业现场容易误触碰带电体的情形有人体与带电体的安全距离不够、机械与高压输变电设备的

安全距离不够、触碰带电设备的外壳、高压试验安全措施不到位、误入带电间隔等。

（一）安全作业现场

1. 人体与带电体的安全距离

（1）在高压设备作业时，人体及所携带的工具与带电体应不小于最小安全距离。

（2）在低压设备作业时，人体及所携带的工具与带电体的安全距离不小于0.1m。

（3）当高压设备接地故障时，室内不得接近故障点 4m 以内，室外不得接近故障点 8m 以内。

2. 用电设备外壳异常带电

运行中的电气设备由于线圈绕组绝缘损坏或绝缘电阻下降，外壳带电，人体触碰将会触电。为防止触电，电气设备必须装设保护接地或保护接零。

（1）保护接地。将电气设备的金属外壳用导线与接地体直接连接。保护接地使用在三相三线制中。

（2）保护接零。将电气设备的金属外壳用导线与系统零线直接连接。保护接零使用在三相四线制中。

3. 检修电动机安全措施

电动机检修时，必须断开动力电缆，并将电缆头三相短路接地。

4. 检修变压器安全措施

变压器检修时，必须在高低压绕组的两侧悬挂接地线或合上接地开关。

5. 检修母线安全措施

母线检修时，必须将母线上所接设备全部断开后，悬挂接地线或合上接地开关。

6. 检修电缆安全措施

电缆检修时，必须将电缆两侧断开，且三相短路接地。

7. 高压试验安全措施

高压试验时，必须设临时围栏，并设专人看护。非工作人员禁止入内。

8. 高压电气设备安全措施

在高压电气设备的周边必须装设防护围栏，门应加锁，并挂好安全警告牌。

9. 检修或更换电除尘整流变压器出口阻尼电阻

检修或更换电除尘整流变压器出口阻尼电阻时，应将高压隔离开关打至接地位置，并通过临时接地线可靠接地。若阻尼电阻位于电场侧，还应将两侧电场停运。

10. 吊篮

吊篮的任何部位与输电线路的安全距离不应小于 10m。

11. 电动起重机

电动起重机的金属结构以及电气设备外壳应可靠接地。

12. 移动式起重机

移动式起重机的金属结构应通过行车轨道接地，电动行车小车应通过金属结构接地。

（二）安全作业行为

（1）电气设备必须装设保护接地（接零），不得将接地线接在金属管道上或其他金属构件上。

（2）检修电源箱必须装设自动空气开关、漏电保护器。严禁使用无漏电保护器的电源箱。

（3）配电箱、开关箱内不得存放物品，周边不得堆放杂物。

（4）严禁擅自拆除电气设备上悬挂的接地线。

（5）动力电缆与电气设备解开后，电缆头必须三相短路接地。不得用铁丝、铝丝等金属丝代替，不得悬空不接地。

（6）拆除电缆前，必须确认电缆两侧未接设备且无电。严禁拆除不明电缆。

（7）雨天，严禁户外操作电气设备。

（8）严禁在不满足电气安全距离的场所内进行作业。

（9）当发觉有跨步电压时，应立即将双脚并在一起或用一条腿跳着离开导线断落地点。

（10）在升压站、高压电气设备附近搭设脚手架时，必须设电气专业人员监护。

（11）在地下敷设电缆附近开挖土方时，严禁使用机械挖土。

（12）严禁用湿手去摸触电源开关以及其他电气设备。

（13）进入电除尘器本体前，必须检查除尘器阴极与接地网的接地线连接是否可靠，且用接地棒将阴极对地放电。

（14）使用加热棒拆装汽缸螺栓时，应先测绝缘。电加热器只有在插入螺栓孔后才应接通电源，严禁将带电的加热杆从一个螺栓孔移至另一个螺栓孔中。

（15）不得用手碰触电解槽，严禁用两只手分别接触到两个不同的电极上。

（16）发现有人触电时，应立即切断电源。若找不到电源时，应用木棒或绝缘棒施救，不得直接用手拉触电人，避免施救人触电。

七、典型触电防控之二——电气误操作

电气误操作是指违反电气操作规程、操作票要求的内容和程序进行的操作。

电气误操作主要是指误分、误合断路器（开关），误入带电间隔，带负荷拉、合隔离开关（刀闸），带电挂（合）接地线（接地开关），带接地线（接地开关）合断路器（开关）等。

（一）安全作业现场

（1）布置安全措施。在布置现场安全措施时，防止发生电气误操作触电，操作时应遵循以下原则：

1）停电。断路器在"分闸"位置时，方准拉开隔离开关。

2）验电。先检测验电器完好，并设监护人，方准进行验电操作。

3）挂接地线。先挂接地端，后挂导体端。

（2）恢复安全措施。在恢复现场安全措施时，防止发生电气误操作触电，操作时应遵循以下原则：

1）拆地线。先拆导体端，后拆接地端。

2）送电前，在确认所有的接地线已拆除、安全设施已恢复后，方准送电操作；合闸前，送电设备的继电保护已投入，方准合闸送电。

3）送电。断路器在"分闸"位置时，方准合上隔离开关。

（二）安全作业行为

（1）严禁无票作业。

（2）严禁擅自解除断路器"五防"闭锁装置。

（3）当误拉开（合上）隔离开关时，不得将误拉（合）的隔离开关再重新合上（拉开）。

（4）严禁带负荷合（拉）隔离开关。

（5）严禁带地线合断路器。

（6）严禁误入带电间隔送电。

八、触电急救方法

如果遇到触电情况，要沉着冷静、迅速果断地采取应急措施。针对不同的伤情，采取相应的急救方法，争分夺秒地抢救，直到医护人员到来。

（一）脱离电源方法

（1）如果开关箱在附近，可立即拉下隔离开关或拔掉插头，断开电源。

（2）如果距离隔离开关较远，应迅速用干燥的木棒、竹竿、硬塑料管等物迅速将电线拨离触电者。

（3）如果现场无任何合适的绝缘物可利用，救护人员亦可用几层干燥的衣服将手包裹好，站在干燥的木板上，拉触电者的衣服，使其脱离电源。

（4）对高压触电，应立即通知有关部门停电，或迅速拉下开关，或由有经验的人采取特殊措施切断电源。

（二）伤员救助

（1）对触电后神志清醒者，要有专人照顾、观察，情况稳定后，方可正常活动；对轻度昏迷或呼吸微弱者，可针刺或掐人中、十宣、涌泉等穴位，并送医院救治。

（2）对触电后无呼吸但心脏有跳动者，应立即采用口对口人工呼吸；对有呼吸但心脏停止跳动者，则应立刻进行胸外心脏挤压法进行抢救。

（3）如果触电者心跳和呼吸均已停止，可同时采取人工呼吸和俯卧压背法、仰卧压胸法、心脏挤压法等措施交替进行抢救。

（三）应急施救的方法

1. 口对口（鼻）人工呼吸法

人工呼吸是行之有效的现场急救方法。施行人工呼吸时，首先要解开被救者的领口和胸部衣服。如果口腔内有污物，应立即取出；如果舌头后缩而阻碍呼吸，应拉出并用绷带固定于口腔外面，以保证呼吸道畅通。做人工呼吸时用力不要过猛，以防把肋骨压断。速度应保持每分钟15~19次，不要过快或过慢。具体方法如下：

（1）解开被救者衣服，取出其口中黏液及其他东西，使其平卧，头向后仰，鼻孔朝天。

（2）救护者跪卧在其左侧或右侧，用一只手捏紧被救者的鼻孔，另一只手扒开其嘴巴。如果扒不开嘴巴，可用口对鼻吹气。

（3）救护者深吸一口气后，紧贴被救者的嘴吹气，使其胸部微微膨胀，吹气时间约2s。

（4）吹气完毕，立即离开被救者的嘴，放松其鼻孔，让其自行呼气，时间约3s。

（5）上述步骤反复操作。

2. 俯卧压背法

被救者俯卧，头偏向一侧，一臂弯曲垫于头下。救护者两腿分开，跪跨于病人大腿两侧，两臂伸直，两手掌心放在病人背部。拇指靠近脊柱，四指向外紧贴肋骨，以身体重量压迫病人背部，然后身体向后，两手放松，使病人胸部自然扩张，空气进入肺部。按照上述方法重复操作，每分钟 16~20 次。

3. 仰卧压胸法

被救者仰卧，背后放上一个枕垫，使胸部突出，两手伸直，头侧向一边。救护者两腿分开，跪跨在病人大腿上部两侧，面对病人头部，两手掌心压放在病人的胸部，大拇指向上，四指伸开，自然压迫病人胸部，肺中的空气被压出。然后把手放松，病人胸部依其弹性自然扩张，空气进入肺内。这样反复进行，每分钟16~20 次。

4. 胸外心脏挤压法

触电者心跳停止时，必须立即用胸外心脏挤压法进行抢救，具体方法如下：

（1）将触电者衣服解开，使其仰卧在地板上，头向后仰，姿势与口对口人工呼吸法相同。

（2）救护者跪跨在触电者的腰部两侧，两手相叠，手掌根部放在触电者心口窝上方，胸骨下 1/3 处。

（3）掌根用力垂直向下，向脊背方向挤压，对成人应压陷 3~4cm，每秒钟挤压 1 次，每分钟挤压 60 次为宜。

（4）挤压后，掌根迅速全部放松，让触电者胸部自动复原，每次放松时掌根不必完全离开胸部。

第五节 高 温 作 业

高温作业可能造成灼烫。灼烫是指人体接触高温、电或化学物质等造成的损伤，包括人体接触高温物体所引起的热灼伤，也包括人体接触带电体产生电弧引起的电灼伤和人体接触腐蚀性药品所引起的化学烫伤。

一、对灼烫的认识

（一）灼烫源

（1）设备产生的高热。例如，正在运行的锅炉或热水（汽）管道等。

（2）带电物体释放的电能。例如，人体与带电体接触部分出现的电烙印，被电流溶化和蒸发的金属微粒侵皮肤而引起的皮肤金属化等，属于被电能灼伤。

（3）化学物质释放的化学能。例如，人体接触腐蚀性化学物质时，它们所固有的腐蚀性就会向人体转移而引起灼伤。

（4）光能、放射能等对人体造成灼伤。

（二）灼烫的损伤程度

灼烫伤是物理或化学物质作用于人体所造成的伤害。例如，被化学物质灼伤的皮肤表面会出现脓肿、变色、流液，伤及皮肤的组织，严重者会影响内脏器官。对于大面积烧伤者，因剧痛及大量血液渗出创面，会引起感染，严重者会导致休克和败血症。

1. 损伤程度的分类

第一度：伤及表皮。皮肤发红或变色、轻微肿胀、疼痛和发热。

第二度：伤及真皮。皮肤发红、起水泡、肿胀、表面血浆渗出、剧痛。

第三度：伤及皮下组织。深层组织被破坏、皮肤变白或焦黑、因末梢神经可能被破坏，一般较不会有剧痛。如果受伤面超过直径 2.54 公分，必须实施皮肤移植手术才能复原。

2. 影响损伤程度的因素

（1）人接触时间长短。接触的时间长，受伤就重；接触的时间短，受伤就轻。

（2）人接触能量大小。接触能量大，受伤就大；接触能量小，受伤就小。

（3）能量集中程度。能量越集中，受伤越严重。

二、灼烫伤防范

（一）灼烫伤防范方式

（1）防止能量积蓄。例如，防止压力容器超温超压，控制爆炸性气体的浓度。

（2）控制能量释放。例如，压力容器安装安全阀，安全阀应定期校验和排汽试验。

（3）开辟释放能量渠道。例如，使用接地线，锅炉、制粉系统加装防爆门等。

（4）人与设备之间设屏蔽。例如，接触带电设备穿绝缘鞋、戴绝缘手套等。

（5）人与能源之间设屏蔽。例如，安装防火门、密闭门等。

（6）提高防护标准。例如，采用双重绝缘工具、低电压回路等。

（7）延长能量释放时间。例如，锅炉检修应等到冷却后再作业。

（8）距离防护。采用遥控方法使人员远离释放能量的地点。

（二）作业人员持证上岗

（1）除灰（焦）人员、热力作业人员必须经专业技能培训，符合上岗要求。

（2）电（气）焊人员属于特种作业人员。必须经专业技能培训，取得《特种作业操作证》（焊接与热切割作业）。

（3）电工属于特种作业人员。必须经专业技能培训，取得《特种作业操作证》（电工作业）。

（4）化学试验人员属于特种作业人员。必须经专业技能培训，取得《特种作业操作证》（危险化学品安全作业）。

《特种作业操作证》是由国家安全生产监督管理总局统一印制，各省级安全生产监督管理部门负责本辖区的培训和发证。有效期为6年，每3年复审一次。

（三）个体防护

（1）除焦作业人员必须穿好隔热工作服、工作鞋，戴好防烫伤手套、防护面罩。

（2）除灰作业人员必须穿好隔热工作服、长筒靴，戴好手套，并将裤脚套在靴外面。

（3）电（气）焊作业人员必须穿好焊工工作服、焊工防护鞋，戴好工作帽、焊工手套。其中，电焊须戴好焊工面罩，气焊须戴好防护眼镜。

（4）化学作业人员（配制化学溶液、装卸酸（碱）等）必须穿好耐酸（碱）服，戴好橡胶耐酸（碱）手套、防护眼镜（面罩）。

（5）个体防护用品必须具有生产许可证、产品合格证。使用时应检查其外观完好、无破损。

三、热焦（渣）烫伤防控

发电企业常见的热焦（渣）烫伤的主要场所有锅炉除焦（渣）烫伤、检修捞渣机时烫伤。

（一）安全作业现场

（1）捞渣机周边应装设固定的防护围栏，挂"当心烫伤"警示牌。

（2）除焦时，在运行监盘处放上"正在除灰"标志，以提醒运行人员合理调整运行方式，采用降负荷、投油稳燃等手段，使炉膛保持负压稳定运行。

（3）除焦（渣）作业现场应有人员撤离通道，并选好炉风（粉）喷出、灰焦冲出时的躲避点。

（4）检修捞渣机时，必须关闭液压关断门。

（5）灰渣门应装设机械开闭装置。

（6）循环流化床锅炉的外置床事故排渣口周围必须设置固定围栏。

（7）作业现场照明必须充足。

（二）安全作业行为

（1）锅炉运行时，严禁打开任何门孔。不得在锅炉人孔门、炉膛连接的膨胀节处长时间停留。

（2）观察锅炉燃烧情况时，必须佩戴防护眼镜或用有色玻璃遮盖眼睛。

（3）严禁站在锅炉看火门、检查门或燃烧器检查孔的正对面，以防火焰喷出伤人。

（4）吹灰时，严禁打开检查孔观察燃烧情况。

（5）遇锅炉结焦严重时，必须降低锅炉负荷，减少灰渣量。

（6）除焦时，原则上应停炉进行。确需不停炉除焦（渣）时，应设置警戒区域，挂上安全警示牌，设专人监护。

（7）开启锅炉看火门、检查门、灰渣门时，人应站在门后，并选好向两旁躲避退路。

（8）除焦（灰）时，人员应站在平台或地面上，严禁站在楼梯、管子或栏杆上等。

（9）遇有燃烧不稳或有炉烟向外喷出时，严禁除焦作业。

（10）除焦（渣）作业以 2 人一组为宜，轮换进行。严禁 1 人除焦作业。

（11）停炉用水力除焦时，应做好防止烫伤的措施。

（12）进入炉内人工除焦时，应做好防止高空掉焦和渣井坍塌的措施。

（13）不停炉检修捞渣机时，应控制好检修时间，以防灰渣大量堆积。停炉检修捞渣机时，应做好防止烫伤措施。

（14）制粉设备内部有煤粉空气混合物流动时，严禁打开检查门。

（15）锅炉燃烧不稳定或有烟灰向外喷出时，严禁除灰。

（16）放灰时，在除灰设备和排灰沟附近严禁作业或逗留。

（17）开启灰渣门前，应先用水浇透灰渣，缓慢开门，以防灰渣突然冲出。严禁出红灰。

（18）捣碎灰渣斗内的渣块时，作业人员应站在灰渣门的一侧，斜着使用工具。不得正对灰渣门。

（19）放入灰车内的灰渣未完全熄灭时，应用水浇灭。不得推运未熄灭的灰渣。

（20）浇灭灰车中的灰渣时，人应站在距灰车 1.5～2m 以外位置，以免被灰渣和蒸汽烫伤。

（21）用水冷却排渣灰堆时，应采取从外到里逐步冷却方法，严禁直接将水冲入灰堆。

（22）从锅炉烟道下部放灰时，人应站在灰斗挡板侧边缓慢打开。必要时先向热灰浇水。

（23）炉排漏煤时，应缓慢打开漏煤斗挡板，当发现有红煤冲下时，应用水浇灭。

（24）查液态除渣的出渣口时，作业人员应戴有色防护眼镜，避开通渣孔正面。当产生氢爆时，应把水源切断，放尽存水。

（25）循环流化床锅炉事故排渣时，必须设专人监护，放出的渣料应冷却至常温后，方可清理。

（26）清扫烟道时，应先清除烟道内未完全燃烧的堆积燃料。

（27）清扫空气预热器上部时，下部不得有人；清扫下部时，应做好防止灰尘落下烫伤的措施。

（28）煤（粉）仓内有燃着或冒烟的煤（粉）时，严禁入内。

（29）严禁在运行中的汽、水、燃油管道法兰盘、阀门附近长时间停留。

（30）严禁在运行中的煤粉系统和锅炉烟道人孔及检查孔和防爆门、安全门附近长时间停留。

（31）严禁在运行中的除氧器、热交换器、汽包水位计以及捞渣机等处长时间停留。

四、热水（蒸汽）烫伤防控

发电企业常见的热水、蒸汽烫伤的主要场所有高温高压管道、热交换器、热水井等。

（一）安全作业现场

（1）汽轮机各疏水出口处，应装设保护遮盖装置。

（2）热交换器检修时，必须关断相连接的进汽（水）阀门并加锁链，打开疏水门，放尽余汽（水）。

（3）更换或补焊热力管道时，必须关闭两侧阀门，打开疏水门，放尽余汽（水）。

（4）更换或检修水泵时，必须关闭出入口阀门，并在阀门处挂上安全警示牌。

（5）蒸汽（热水）阀门泄漏或管道保温缺损时，必须设置警戒区域，挂安全警示牌。

（6）热水井应设有井台，高度不低于 0.5m。若不符合要求时应在井盖上加锁。当井盖掀开时，必须装设牢固的防护围栏，挂上安全警示牌。

（7）汽、水取样点照明应充足。

（二）安全作业行为

（1）开启灼烫源检查门时，人应站在门后，并观察好向两旁躲避的退路。

（2）检修带高温设备时，应待设备冷却后再作业；必须抢修时，应戴手套和穿专用防护服。

（3）用手确认热体温度时，应用手背触碰。

（4）锅炉运行中，不得带压对承压部件进行焊接、捻缝、紧螺栓等作业。

（5）热紧锅炉法兰、人孔、手孔等处螺栓时，应由专业人员操作，使用标准扳手。严禁将扳手的手把接长。

（6）锅炉水压试验时，应在空气门、给水门处设专人看护，以免水满烫伤他人。

（7）锅炉进行 1.25 倍工作压力的超压试验时，在保持试验压力时间内不得进行任何检查。

（8）双色水位计不得做超压试验，防止玻璃碎裂伤人。

（9）校验安全门时，应保证运行人员与检修人员通信畅通，并设专人指挥。严禁在待校验的安全门附近站人。

（10）安全门不启座时，严禁用敲打阀门的方法助力启座。

（11）封闭式锅炉校验安全门时，应打开窗户通风，防止蒸汽外泄烫伤人。

（12）严禁在有压力的管道上进行检修。

（13）热交换器内有人作业时，应打开人孔门，外面设专人监护。

（14）严禁在高温高压容器、管道、安全门附近长期逗留。

（15）拧松法兰盘螺栓时，人应站在法兰盘侧面，严禁正对法兰盘。

（16）松开法兰螺栓时，应先松远端螺栓再松近端螺栓，在螺栓全部松动后，确认热力管道无压力、无汽水残留时，方可摘除螺栓。

（17）拆除堵板时，必须先将堵板的另一侧积存的汽（水）放尽。

（18）检修蒸汽（热水）管道前，必须打开管段疏水门。必要时可采用松开疏水门法兰的方法，确认管道内无压力或存水。

（19）当过热蒸汽管道有外泄异常声音时，不得盲目行走，必须在周边设置警戒区域。

（20）冲洗水位计时，人应站在水位计侧面，操作阀门时应缓慢小心。

（21）汽、水取样时，操作人应戴好手套，先开启冷却水门，再开启取样管的汽水门，使样品温度保持在30℃以下。

（22）高温汽水样品必须通过冷却装置降温后取样，应保持冷却水管畅通和冷却水量充足。

五、化学灼伤控

发电企业常见的化学灼伤的主要场所有配制化学溶液、加药、酸洗、卸酸（碱）等。

（一）安全作业现场

（1）酸（碱）罐周围应设不低于15cm的围堰及不低于100cm的围栏，并挂安全警示标志。

（2）酸（碱）罐的玻璃液位管应装设金属防护罩，并挂安全警示标志。

（3）酸（碱）储藏槽的槽口必须装设槽盖、防护围栏，并挂安全警示标志。

（4）地下或半地下酸（碱）罐的顶部必须有明显标识，盖板上不得站人。

（5）化学试验室、配药间、卸酸（碱）场所必须装设机械排风装置、淋浴喷头、洗眼装置、冲洗及排水设施。

（6）在酸洗作业场所应配备足够量的石灰粉。

（7）化学试验室必须配备中和用药、急救药箱、毛巾、肥皂等。

（二）安全作业行为

（1）酸（碱）作业人员必须佩戴专用口罩、橡胶手套及防护眼镜，穿橡胶围裙及长筒胶靴，裤脚应放在靴外。

（2）吸取酸碱性、有挥发性或刺激性的液体时，应使用滴定管或吸取器。严禁用口含管吸取。

（3）盛装酸（碱）容器的盖子必须盖紧后搬运，对较重或较大的容器应二人以上抬运。严禁单人用肩扛、背驮或抱住等方法搬运。

（4）配制化学溶液时，必须使用吸取器。不得用酸（碱）瓶直接倾倒液体。

（5）掀起盛酸（碱）瓶盖时，瓶口不得对人，夏季必须先冷却酸（碱）瓶再操作。

（6）配制稀酸时，应将浓酸沿玻璃棒缓慢注入水中，不断搅拌。严禁将水倒入酸内。

（7）试管加热时，试管口不得对人，刚加热过的玻璃仪器不得接触皮肤及冷水。

（8）蒸馏易挥发和易燃液体时，应采用热水浴法或其他适当方法。严禁用火焰加热方法。

（9）用烧杯加热液体时，液体的高度不应超过烧杯的 2/3。

（10）开启强碱容器和溶解强碱时，应戴橡胶手套、口罩和眼镜，并用专用工具。

（11）打碎大块强碱时，应先用废布包住，细块不应飞出。

（12）从酸槽或酸储存箱中取出酸液时，应采用负压抽吸、泵输送或自流方式输送。

（13）在室内用酸瓶倒酸时，下面应放置较大的耐腐蚀盆（玻璃盆或陶瓷盆）。

（14）严禁使用破碎的或不完整的玻璃器皿做化学试验。

（15）酸碱槽车用压缩空气顶压卸车时，压力不得超过槽车允许压力。严禁在带压下泄压操作。严禁在无送气门、空气门和不准承压的槽车上用压缩空气顶压卸车。

（16）当浓酸倾撒在地面上时，应先用碱中和，再用水冲洗；或先用土吸收，扫除后再用水冲洗。

（17）拆卸酸碱等强腐蚀性设备时，必须先泄掉设备内部压力，防止酸碱喷出伤人。

（18）搬运和使用氨水、联氨时，必须放在密封容器内，不得与人体直接接触。撒落在地面上应立即用水冲刷干净。

（19）氢氟酸应装在聚乙烯或硬橡胶容器内，桶盖密封。严禁放在阳光下曝晒。

（20）水处理设备泄漏时，不得直接用手触摸泄漏点。

（21）参加氢氟酸系统作业人员，工作结束后必须冲洗头面和身体各部。

（22）皮肤溅上氢氟酸液，应用清水冲洗后涂可的松软膏，眼睛内溅入酸液应用清水冲洗后滴氢化可的松眼药水。

（23）当浓酸溅到眼睛内或皮肤上时，应先用清水冲洗，再用 0.5%的碳酸氢钠溶液清洗。

（24）当强碱溅到眼睛内或皮肤上时，应先用清水冲洗，再用 2%的稀硼酸溶液清洗眼睛或用 1%的醋酸清洗皮肤。

（25）当浓酸溅到衣服上时，应先用水冲洗，再用 2%稀碱液中和后，再用水清洗。

六、灼烫伤急救

（一）热水（汽）烫伤的急救

人体被热水（汽）烫伤后，应用冷却水或冰水进行冷却。轻度烫伤需要冷却几分钟，严重烫伤需要冷却30min。

（1）用自流水冷却。

（2）用冰水冷却。

（3）有衣服部位烫伤时，应直接往衣服上浇水冷却，冷却后再剪开或脱去衣服。

（4）当充分冷却伤处后，应用消毒纱布盖住患部，并接受治疗。在医生诊断前，不准涂抹药膏，以免感染。为防止患部留有疤痕，不要碰破水肿泡，应按医生要求治疗。

（二）火烧伤的急救

（1）人体被火烧伤时，应采取就地打滚方法熄灭身上的火焰。不得仓促奔跑，以免火借风势越燃越旺。

（2）对中小面积的四肢烧伤者，应将烧伤处浸于冷水中，以减轻痛苦。

（3）对烧伤处临时包扎时，包扎材料必须洁净无菌，防止感染。

（4）在送往医院路途较长时，可对烧伤者饮用掺盐的水或含盐的饮料，对烦躁不安、疼痛难忍伤者，可服用镇痛药物。

（三）电能灼伤的急救

人体被电灼伤后，局部会出现一定范围的组织坏死，并伴有烧伤。

（1）电灼伤分为一度、二度和三度。其中，一度灼伤最轻，会有二度或三度灼伤的症状；二度灼伤症状是皮肤变红、肿胀、出现水疱；三度灼伤最重，症状是皮肤变白或烧黑。

（2）被电灼伤后，应把伤口暂时包扎，保持创面清洁，防止感染。

（3）如果电灼伤者极度痛苦，可将受伤的胳膊或腿放于高出心脏位置，以减轻疼痛。

（4）如果电灼伤者呼吸、心跳停止，处于休克状态，应立即人工呼吸或心肺复苏，慎用肾上腺素等强心剂。

（5）急速送往医院救治。

（四）化学能灼伤的急救

1. 眼睛进入化学药品

当眼睛进入化学药品时，绝对不能揉眼睛，应用自来水冲洗。冲洗时将进入化学药品的眼睛在下面，待充分冲洗后送往医院。不得将眼药点入眼内。

2. 皮肤沾上化学药品

（1）强酸会烧毁皮肤的表面，强碱会侵入到皮肤的深层。当沾上强酸或强碱时，应立即脱掉衣服，用冷水冲洗 30min 以上。

（2）冲洗干净、擦净水分后，应将患部用干净的布盖好，到医院治疗。不得采用酸或碱中和的方法来处理。

（3）注意有的化学药品沾水后会发热。

第六节　机　械　作　业

机械伤害是指机械设备运动（静止）、部件、工具、加工件直接与人体接触引起的挤压、碰撞、冲击、剪切、卷入、绞绕、甩出、切割、切断、刺扎等伤害。不包括车辆、起重机械引起的伤害。

一、主要机械危害及伤害原因

（一）主要机械危害

（1）卷绕和绞缠的危险。旋转运动的机械部件将人的头发、饰物（如项链）、手套、衣袖等卷绕伤害。

（2）挤压、剪切和冲击的危险。直线运动的机械，两部件之间相对运动、或运动部件与静止部件对人的夹挤、冲撞或剪切伤害。

（3）引入或卷入碾轧的危险。啮合的齿轮之间、带与带轮之间、链与链轮啮合之间、辊子与辊子之间等滚动碾轧伤害。

（4）切割和擦伤的危险。切削刀具的锋刃，零件表面的毛刺，工件或废屑的锋利飞边，机械设备的尖棱、利角、锐边、粗糙的表面（如砂轮、毛坯）等潜在的危险。

（5）碰撞和剐蹭的危险。机械结构上的凸出、悬挂部分，如机床的手柄，长、大加工件伸出机床的部分等危险。

（二）机械伤害主要原因

（1）未按规定穿戴好个人防护用品就从事作业。

（2）未经技能培训的人员操作机械。

（3）检查或维修机械设备时未停电，误碰启动开关。

（4）一边作业一边聊天，精力不集中。

（5）易伤害人体部位的机械设备上未装设安全装置，或安全装置不起作用。

（6）机械转动部位未装设安全防护设施，或安全防护设施损坏不起作用。

（7）多台机械的启动按钮安装在一起，易误碰按钮，机器突然启动。

（8）使用不符合安全要求的机械设备，如自制或任意改造机械设备。

（9）机械设备运行中，清理卡料、杂物或给皮带上蜡等作业。

二、机械伤害防范

（一）机械伤害的防范原则

（1）隔离。在传送能量的旋转部件与操作人员之间设置安全罩、安全防护栏。

（2）设置安全区。人与被加工部位之间设置安全区，当人体某部分进入这一区域时，应有立即切断能量的自动装置。

（3）变手工操作为自动控制。

（4）设置连锁、自动停车装置。当安全装置失灵时，机械会自动停止。

（5）警告。设置"指示灯""蜂鸣器"，提示人们注意危险区。

（二）人员培训

操作人员必须经专业技能培训，并掌握机械（设备）的现场操作规程和安全防护知识。

（三）个体防护

（1）操作人员必须穿好工作服，衣服和袖口应扣好。不得戴围巾、领带等。

（2）长发必须盘在帽内，不得披散在外。

（3）操作时必须戴防护眼镜，必要时戴防尘口罩、穿安全鞋。

（4）操作钻床时不得戴手套。

（5）不得在开动的机械设备旁换衣服。

（四）管理措施

（1）作业人员必须进行风险分析，找出作业危险点，制定防范措施。

（2）按照作业步骤进行工作，严格执行现场安全规程。

（3）机械设备的各安全装置应动作灵敏可靠。

（4）机械设备的转动部位应装设安全罩或安全护栏，不得随意拆除。需要拆除时应提出申请，履行审批手续。

（5）发现机械设备运转声音、速度等异常时，应立即停机检查。

（6）严禁触及机械设备的转动部位。

（7）机加工时，安装工件及刀具应牢固可靠，以防脱落。

（8）启动按钮应专人操作，他人不得随意触摸。必要时，可采用双保险启动按钮，当人为按错一个按钮时，也无法启动机器。

（9）当身体感有危险时，立即按"急停"按钮。

（10）清除切屑、杂物等接触危险地方的作业，要使用导杆。

（11）清扫或维修机器时，应停机，并在启动装置上锁，挂好标示牌。

（12）进入小型机械内作业时，可采用安全支柱等措施，以防机器意外启动。

（13）使用钻床、车床等旋转机床，严禁戴手套作业。

三、机械加工伤害防控

机械加工是指用加工机械对工件的外形尺寸或性能进行改变的过程。在加工作业中，个人防护措施不当或未执行现场操作规程，有可能会造成绞伤、压伤、挤伤等事件。发电企业常使用的加工机械有钻床、车床、铣床、磨床、冲床、切板机等。

（一）作业环境

（1）机械设备各传动部位必须装设防护装置（如传动带、齿轮机、联轴器、飞轮等）。

（2）在机械设备上有可能造成砂轮崩碎、切屑甩出等伤人处，应装设透明挡板。

（3）机械设备必须装设紧急制动装置，一机一闸。

（4）刀具装夹必须牢靠，刀头伸出部分不得超出刀体高度 1.5 倍。

（5）机械设备周边必须画警戒线，工作现场应设人行通道。

（6）机械加工现场照明必须充足。

（二）安全行为

（1）操作人员应穿好工作服，扣紧袖口，长发必须盘在帽子内。

（2）钻孔、切削作业应戴好防护眼镜，不得戴手套。

（3）操作人员应站在机床旁，不得站在切屑甩出方向，不得踩、靠在机床上。

（4）操作中应精力集中，严禁与无关人员聊天。

（5）操作人员的头部不得靠近旋转的卡盘或工件。

（三）安全管理

（1）加工机械需要两人配合作业时，必须有一人指挥。

（2）机床设备上的安全防护装置、联锁装置不得随意拆除（如防护罩、防护网）。

（3）装拆刀具、夹具时，必须切断机床电源。

（4）不得装夹有油污、毛刺的工件。

（5）使用钻床、车床等转动机械时，严禁戴手套。

（6）机器皮带运行中，严禁装卸、校正或直接用手撒松香、涂油膏等防滑物料。

（7）用长嘴油壶或油枪往油盅和轴承里加油时，必须与转动部分保持一定距离。

（8）机床运行中，发现有异常必须立即停车，不得"带病"运行。

（9）工作结束，必须断开电源，清理工作台上的工件、切屑和刀具。

（10）加工工件时，不得用手拿工件直接加工，不得将手指垫在板料下送料。

（11）加工工件时，需要调整或测量工件必须停车进行。

（12）机床运转中，不得隔着运动部件拿取工件或传递物品，不得清除切屑。

（13）金属切屑应用钩子等工具及时清理，严禁用手、嘴吹或压缩空气清理。

（14）不得将刀具、量具等物品摆放在机床旋转体或工作面上。

（15）机床运行时，操作人员不得离开。

（16）加工不规则工件时，应试转平衡后再加工。不得加工超长、超厚（薄）、超窄等工件。

（17）取卡住模具或机械设备检查时，必须切断电源，挂上"禁止合闸"牌。

（18）剪床不得剪切淬过火的钢材、铸铁及脆性材料，不得剪切石料等非金属工件，不得剪切有爆炸性的工件。

（19）使用钻床时，必须把工件固定牢固。

（20）使用锯床时，工件必须夹牢，长的工件两头应垫牢，以防工件锯断时伤人。

四、电工工具伤害防控

电动工具是以电动机或电磁铁为动力，通过传动机构驱动工作头的一种机械工具。在使用电动工具时，个人防护不当、操作不当或使用不合格的工具，有可能会造成刺伤、划伤、割伤等事件。发电企业常使用的电动工具有电钻、角向磨光机、砂轮切割机、台式砂轮机等。

（一）电钻

电钻是电动钻孔的工具，包括手电钻、冲击钻、锤钻（电锤）。

1. 本质安全

（1）电钻外壳应完好无损。

（2）电钻电源线、电源插头应完好无损，接地保护可靠。

（3）钻夹头应固定牢固，自动定心卡爪应完整、灵活，夹持钻头应垂直紧固。

（4）钻头磨损直径不得大于 2%，不得有缺损、裂纹、氧化、变形等缺陷。

（5）电钻试转正常，钻头不松动、不摆动。

（6）钻ϕ12mm 以上的钻孔时，应选用带侧柄的手持电钻。

2. 使用安全

（1）操作人员必须戴好防护眼镜，面部朝上钻孔时应戴上防护面罩。

（2）钻孔前应紧固好钻头且试转正常后，再对准工件垂直钻孔；钻孔时不得用力过猛，以免钻头压断反弹伤人。严禁斜向钻孔。

（3）在金属材料上钻孔时，应先在钻孔位置处冲打上洋冲眼，然后再钻孔。

（4）钻大孔时应先用小钻头钻穿，然后用大钻头钻孔。严禁用小钻头扩孔。

（5）如需长时间在金属上钻孔时，可采取一定的冷却措施，以保持钻头锋利。

（6）钻屑应用专用工具清理，严禁直接用手清理。

（7）电钻旋转时，不得随意放置。

（二）角向磨光机

角向磨光机主要用于对金属构件进行磨削、切削、除锈、磨光加工的工具。

1. 本质安全

（1）砂轮应选用增强纤维树脂型，其线速度不得小于 80m/s。

（2）角向磨光机的防护罩应完好无损、安装牢固。严禁使用无防护罩的磨光机。

2. 使用安全

（1）打磨用的砂轮片只能用于打磨，不得用于切割材料，且只能使用研磨面，不得使用背面；切割用的砂轮片只能用于切割，不得用于研磨。

（2）磨削时，砂轮与工件应保持 15°～30° 倾斜位置。

（3）切削时，砂轮不得倾斜，不得横向摆动。

（4）严禁切、磨紫铜、铅、木头等，以防砂轮片嵌塞。

（5）严禁手提角向磨光机的电源导线。

（三）砂轮片

砂轮是陶瓷颗粒黏结形成的，有氧化铝、碳化硅等。砂轮根据使用材料分为树脂砂轮、陶瓷砂轮、金刚石砂轮等。

1. 本质安全

（1）安装前应用木槌检查砂轮有无裂纹和损伤。

（2）树脂和橡胶黏合剂砂轮片存储一年后必须做回转试验，合格后方可使用。

（3）砂轮片的额定转速应与砂轮机转速相匹配，且在有效期内使用。

（4）砂轮片磨损到原半径的 1/3 时必须更换。

（5）砂轮应使用卡盘紧固，两卡盘与砂轮端面间应放上厚 0.5～1.0mm 纸板。

（6）安装砂轮时，法兰盘应干净、平整，并用专业扳手拧紧螺母。严禁将砂轮压入法兰盘。

（7）安装砂轮后，应空转 1～2min 正常后，方可使用。

2. 使用安全

（1）使用前必须外观检查，确认无裂纹等缺陷。

（2）严禁超过砂轮规定的线速度状况下磨削。

（3）砂轮停止转动前，应将冷却液关闭，砂轮继续旋转 5min，使磨削液甩尽。

（4）砂轮片应远离油脂、水或其他溶剂。

（5）严禁用水淋湿砂轮片。

（四）砂轮切割机

砂轮切割机主要用于切割工件或材料的工具。

1. 本质安全

（1）砂轮切割机的砂轮盘必须装设防护罩，覆盖度不得小于 180°。砂轮与夹板间应嵌有厚度均匀的弹性纸垫圈。

（2）砂轮切割机的传输皮带必须装设防护罩；手柄上的开关灵敏、可靠。

（3）砂轮片有破损或裂纹时应立即更换，严禁使用摔过或重击过的砂轮片（即使砂轮片表面无破损）。

2. 使用安全

（1）操作人员必须佩戴防护眼镜，站在锯片的侧面。火花飞溅的方向不得有人停留或通过。

（2）使用前必须试转，确认切割机工作正常。

（3）切割物件时，锯片应缓慢地靠近被锯物件，不得用力过猛。严禁切割较大的物件及铅、锡、铝、木材等物件。

（4）砂轮磨至与夹板边缘相遇时，必须立即更换。

（五）台式砂轮机

台式砂轮机主要用于研磨或加工工件。

1. 本质安全

（1）台式砂轮机必须装设托架、防护罩、挡屑板。

（2）托架高度不超过砂轮轴水平中心线，且与砂轮圆周的最大间隙不得大于3mm。

（3）防护罩必须用钢板制成，开口角度不超过 90°，轮轴水平中心线以上不应大于 65°。

（4）防护罩在轮轴水平中心线以上开口角度大于 30°时，应装设挡屑板。

（5）挡屑板安装于防护罩开口正端，宽度大于防护罩宽度，与砂轮圆周的间隙应小于 6mm。

（6）砂轮应用法兰盘固定，法兰盘的直径应大于砂轮直径的 1/3。

2. 使用安全

（1）操作人员应站在砂轮机侧面，严禁站在砂轮机的正面操作。

（2）使用前必须对砂轮机的底座、砂轮片、防护罩外观检查，并试转正常。

（3）磨削工件时，应火星向下。严禁用工件撞击、猛压或用砂轮侧面磨削。

（4）严禁使用无防护罩的砂轮。

（5）严禁用砂轮研磨软金属、非金属以及较大的工件。

（6）严禁两人同使用一个砂轮研磨工件。

（7）砂轮机在断电过程中，严禁进行打磨作业。

五、转动设备伤害防控

转动设备是指做旋转运动的机械设备，其特点是零部件（如齿轮、轴、联轴器、皮带轮、链条轮等）做旋转运动。在转动设备附近检查、加油等作业时，个人防护不当、设备防护装置不齐全或不牢固，有可能会造成绞伤等事件。发电企业常见的转动设备有各类电动机与减速机、各类风机及水泵、旋转式空气预热器、磨煤机、给料（煤）机、输粉机、输煤皮带机等。

（一）作业环境

（1）转动设备的安全装置应齐全、可靠。

（2）转动设备上的所有螺栓固定应紧固，以防长期运行脱落飞出。

（3）设备的转动部分必须装设防护罩，并标明旋转方向，露出的轴端必须装设护盖。

（4）电动机与机械设备的皮带、齿轮、链条等传动部位均应加装防护罩，并标注旋转方向。

（5）对大型转动设备除装设防护罩外，还必须装设防护栏杆。

（6）输煤皮带的转动部分及拉紧重锤必须装设遮栏，加油装置应接在遮栏外面。

（7）各类给料机人孔门、检查孔门必须齐全、完整并盖好。

（8）输粉机、刮板给煤机上的盖板必须齐全盖好，不得敞口运行。

（9）机械传动的各检查孔、送料口等部位必须装设盖板。

（10）输煤皮带两侧的人行通道必须装设固定防护栏杆，并装设事故拉线开关。

（11）在机械转动部分附近使用梯子时，应在梯子与转动部分间临时设置薄板或金属网防护。

（二）安全行为

（1）作业人员必须穿好工作服，扣紧袖口，长发必须盘在帽内。

（2）设备转动时，不得从靠背轮和齿轮上取下防护罩或其他防护设备。

（3）严禁在靠背轮上、安全罩上或运行中设备的轴承上行走和坐立。

（4）严禁将头、手脚伸入转动部件活动区域内。

（5）擦拭运转中机器的固定部分时，严禁戴手套或将抹布缠在手上使用。

（6）严禁在运行中清扫、擦拭和润滑设备的旋转和移动部分，严禁将手伸入栅栏内。

（三）安全管理

（1）严禁擅自拆除设备上的安全防护设施。

（2）设备运转时，不得在转动部分进行测量、调整、擦拭、清扫等工作。

（3）给料（煤）机在运行中发生卡、堵时，严禁用手直接清理堵塞物。

（4）设备试转时，人员应站在转动设备的轴向位置，以防零部件飞出伤人。

（5）转动机械检修完毕后，应及时恢复防护装置，否则不准起动。

（6）吸风机、送风机、回转式空气预热器等试运前，必须确认燃烧室、烟道、空气预热器等处无人。

（7）电动锁气器（卸灰机）运行中，严禁将手伸进锁气器内检查叶轮转动情况或清除杂物。

（8）石灰石制浆系统的斗提机运行时，严禁打开手孔进行检查。

（9）石灰石卸料机在运行时，严禁打开手孔，伸手检查卸料机内部叶轮。

（10）设备试运必须将工作票交回工作许可人。严禁检修人员操作设备试运。

（11）电动机和热机转动设备连接时，严禁电动机试转。

（12）钢球磨煤机运行中，严禁在传动装置和滚筒下部清除煤粉、钢球、杂物等。

（13）旋转式空气预热器的内部有人作业时，在人孔门处必须设专人监护，并确保联系畅通。

（14）风机未解体且需进入机壳内作业时，必须做好防止风机叶轮自转的措施。严禁用电动机冷却风扇叶轮来制动风机的转子。

（15）严禁在螺旋输粉机、刮板给煤机盖板上作业、行走或站立。

（16）在皮带上或其他设备上，严禁站人、越过、爬过及传递各种用具。

（17）皮带运行中，严禁人工取煤样或人工捡石块等作业。

（18）皮带运行中，严禁人工清理皮带、滚筒上的粘煤等作业。

（19）皮带运行中，任何人遇紧急情况均可拉"皮带拉线开关"停止皮带运行。

（20）煤斗捅煤时，操作人必须站在煤斗上面的平台上，并系好安全带。严禁将肢体进入煤斗内捅煤。

（21）当翻车机回转至90°需清车底时，或清理煤箅子上的煤块、杂物时，必须经值班人员许可，并切断电源。

（22）设备检修必须断开电源，悬挂警示牌，并做好防止设备误转动措施。

（23）正在转动中的机器，严禁装卸和校正皮带。

六、行走设备伤害防控

行走设备是指做水平行走或上下垂直运动的机械设备。在行走设备上作业时，个人防护不当、设备防护装置不齐全或未执行现场操作规程，有可能会造成压伤、挤伤等事件。发电企业常见的行走设备有螺旋卸车机、卸船机、斗轮机、铁牛等。

（一）作业环境

（1）行走轨道必须平直紧固、无任何障碍物，其端部必须装设缓冲器或止挡器。

（2）机械设备最高点与屋架最低点间的距离不小于100mm；机械设备和驾驶室的突出面与建筑物距离不小于100mm。

（3）机械设备平台上必须装设固定的防护栏杆。

（4）机械设备驾驶室的门窗应完好，窗户装设防护栏杆，门装设闭锁。

（5）机械设备应装设可靠的安全保护装置（如限位器、过载保护等），刹车装置应可靠。

（6）斗轮机必须装设锚定装置、缓冲器、夹轮器、限位器、过载保护等安全保护装置，刹车装置应可靠。斗轮机停止作业或检修时，应将轮斗放置有可靠支点的位置固定或着地，并夹轨。

（7）卸煤沟、储煤场应装有音响信号。

（8）卸船机必须装设锚定装置、防风系固、缓冲器、夹轮器、限位器、过载保护等安全保护装置，刹车装置应可靠。

（二）安全作业行为

（1）操作人员进入驾驶室内必须将门关好，行车中肢体不得探出驾驶室，不得行车中出入驾驶室。

（2）机车在摘钩并离开前，卸煤工人不得靠近车辆。

（3）机械设备运行中，不得在移动设备上从事清扫、擦拭等作业。

（三）安全管理

（1）操作人员应经专业技能培训合格后，方可上岗作业。

（2）作业前必须空载试车正常，并确认安全保护装置灵敏、可靠。

（3）机械设备行走前，必须先响铃后动车，不得车动铃响。

（4）开闭卸煤火车门前，应通知煤车上及附近有关人员，车门打开或关闭后应挂牢。

（5）严禁在一个煤车内同时进行机械卸煤和人工卸煤。

（6）人工清扫车底作业，必须待卸煤机械离开车辆后方可进行。

（7）卸船机作业中，无关人员不得登机。严禁用卸船机吊人。

（8）煤船漂离码头 2m 以上，严禁卸煤作业。

（9）遇暴雨、大风、大雾天气时，应停止卸船机作业，并将卸船机开至指定的停机位置，将锚定板插入码头的锚定坑内。

（10）调车人员不得乘煤车进入翻车机室或卸煤沟内。

（11）煤车摘钩、挂钩或起动前，必须由调车人员确认车底下或各节车辆间无人后，方可进行。

（12）推土机配合斗轮机作业时，应保持 3m 以上的安全距离。

（13）司机离开机车时，应将机车可靠制动，将车门上锁。

（14）严禁用螺旋卸煤机从事运送人员、吊起重物、推拉车皮等作业。

七、机械伤害急救

（一）机械伤害的急救原则

（1）立即使受伤者脱离危险源，必要时，应拆卸机械，移出受伤肢体。

（2）如伤员发生休克，应进行人工呼吸。

（3）应迅速包扎伤口，进行止血，使伤员保持头低脚高的卧位，并注意保暖。伤者骨折，可就地利用木板、竹片等固定骨折处上下关节。

（4）对剧烈痛者，可给服止痛剂和镇痛剂。

（5）用消毒纱布或清洁布等覆盖伤口，预防感染。

（6）对较重伤害者，应送医院救治，但送往途中应尽量减少颠簸。

（二）手外伤急救

（1）发生断手、断指时，应对伤者伤口包扎止血、止痛、进行半握拳状的功能固定。

（2）对断手、断指应用消毒或清洁敷料包好，忌将断指浸入酒精等消毒液中，以防细胞变质。

（3）将包好的断手、断指放在塑料袋内，扎紧好袋口，并在袋周围放些冰块。

（4）送医院进一步治疗。

（三）头皮撕裂伤急救

（1）必须及时对伤者进行抢救，采取止痛及其他对症措施。

（2）用生理盐水冲洗有伤部位，涂红汞后用消毒大纱布块、消毒棉花紧紧包扎，压迫止血。

（3）使用抗生素，注射抗破伤风血清，预防感染。

（4）送医院进一步治疗。

（四）搬运转送伤员

转送是危重伤员经过现场急救后由救护人员安全送往医院的过程。搬运伤员时应注意：

（1）上肢骨折的伤员托住固定伤肢后，可让其自行行走。

（2）下肢骨折用担架抬送。

（3）脊柱骨折伤员，用硬板或其他宽布带将伤员绑在担架上。

（4）昏迷病人，头部可稍垫高并转向一侧，以免呕吐物吸入气管。

第七节 动 火 作 业

动火作业常常导致火灾、爆炸事故。动火作业安全管理重点是防止火灾、爆炸和火灾初期处置。

一、火灾爆炸常识

（一）火灾常识

（1）燃烧。燃烧是物质与氧化物之间的放热反应，它通常会在同时释放出火焰或可见光。

（2）火灾。火灾是火失去控制蔓延而形成的一种灾害性燃烧现象，它通常造成人或物的损失。

（3）燃烧和火灾的必要条件。氧气、可燃物、点火源即火的三要素，简称火三角。三个要素缺少任何一个，燃烧不能发生和维持。

（4）不同可燃物燃烧的过程。

1）气态可燃物通常为扩散燃烧，即可燃物和氧气边混合边燃烧；

2）液态可燃物（包括受热后先液化后燃烧的固态可燃物）通常先是蒸发为可燃蒸气，可燃蒸气与氧化剂再发生燃烧；

3）固态可燃物先是通过热解等过程产生可燃气体，可燃气体与氧化剂再发生燃烧。

（5）火灾分类。

根据国家标准、按照燃料性质，火灾分为 A、B、C、D 四类。

A 类火灾为固体火灾，如木材、棉、毛等。

B 类火灾为液体火灾，如汽油、柴油、原油等。

C 类火灾为气体火灾，如煤气、液化石油气、甲烷等。

D 类火灾为金属火灾，如钾、钠等。

（6）火灾发生的常见原因。

1）吸烟引起火灾。未熄灭烟头，若接触到易燃物，未及时发现，会引起火灾。

2）使用明火引起火灾。因生产、生活需要使用明火，使用不当，遇到可燃物不及时扑灭，会引起火灾。

3）电器设备使用、安装不当或故障引起的火灾。主要是电线老化、接触不良、绝缘破损、超负荷使用等。

4）使用、运输、储存易燃易爆气体、液体等引起火灾。

5）雷电、静电等引起火灾。

（二）爆炸常识

物质自一种状态迅速转变成另一种状态，并在瞬间放出很大能量，同时产生气体以很大压力向四周扩散，伴随着巨大的声响，这种现象就是爆炸。

1. 爆炸分类

（1）物理性爆炸。物理性爆炸是由物理变化引起的，爆炸前后物质的性质及化学成分不改变。例如，蒸汽锅炉、压缩和液化气钢瓶爆炸。

（2）化学性爆炸。化学性爆炸是物质本身发生化学反应，产生大量气体和很高温度而发生爆炸。例如，爆炸物品的爆炸，可燃气体、蒸气和粉尘与空气混合的爆炸等。

2. 爆炸极限

（1）爆炸浓度极限。

可燃气体、蒸气或粉尘与空气（或助燃气体）的混合物，必须在一定的浓度范围内，遇到足以起爆的火源才能发生爆炸。这个可爆炸的浓度范围，称为该爆炸物的爆炸浓度极限。

（2）爆炸温度极限。

可燃液体只有在一定温度下，蒸发而形成的气体才能达到爆炸浓度界限，这时的温度称为爆炸温度极限。

（3）爆炸上限和下限。

当空气中含有最少量的可燃物质所形成的混合物浓度，遇起爆火源可爆炸时，这个最低浓度，称为爆炸下限；当空气中含有最大量的可燃物质形成的混合物浓度，遇起爆火源可爆炸时，这个最高浓度称为爆炸上限。

二、发电企业生产区域主要风险

发电企业生产区域有可能发生火灾与爆炸的主要场所有易燃易爆物品场所、动火作业现场、输煤（制粉）系统、油系统、氢（氨）气系统、氨站、风力发电机。

存在的主要安全风险有：

（1）现场随意堆放的可燃物，如油毡、木材、煤（汽）油、塑料制品及装饰（修）材料等被引燃。

（2）现场可燃气体或粉尘浓度超标，遇明火点燃或爆炸。

（3）电（气）焊作业时，焊渣、电火花引燃可燃物。

（4）乙炔气瓶泄漏，遇明火点燃或爆炸。

（5）现场乱接乱拉临时电源、线路老化破损或超载用电，造成电路短路打火、引燃可燃物。

（6）使用不合格的电动工具，造成电路短路打火、引燃可燃物。

（7）照明灯具距可燃物较近，长时间照射被引燃。

（8）煤（粉）长期积存引起自燃或遇明火点燃。

（9）油系统泄漏，油或油气遇高温物体或明火点燃。

（10）氢（氨）气系统泄漏，遇明火点燃或爆炸。

（11）液氨泄漏遇明火引起爆炸。

（12）天然气管理或设备泄漏，遇明火引起爆炸。

（13）现场违章使用火炉、液化石油气等引燃可燃物。

（14）现场流动吸烟，烟头随处乱丢，引燃可燃物。

（15）风力发电机的刹车系统在高速制动时，产生火花和高温碎屑，引燃可燃物着火。

（16）风力发电机的机舱、塔筒内电气设备短路，电弧引燃可燃物（如油脂、保温材料等）着火。

（17）风力发电机检修时，使用易燃物品（如汽油、酒精等）清洗或擦拭设备引起着火。

（18）雷击风力发电机叶片起火。

三、火灾及爆炸防范

（一）个人能力要求

（1）一般作业人员必须了解和掌握消防安全常识，会使用常规的消防器材，能及时扑灭初期火灾，并会报火警。

（2）企业消防主管应经当地消防主管部门专业技能培训合格后，方可上岗。

（3）企业消防主管部门应每年对义务消防员进行一次专业技能培训及消防演练。

（二）安全管理

（1）火灾及爆炸危险较大的厂房内，应尽量将检修的设备或管段拆卸到安全地点检修，避免室内明火及焊割作业。若必须在原地检修时，应按照动火的有关规定进行，必要时还需要请专职消防人员进行现场监护。

（2）在积有可燃气体或蒸汽的管沟、下水道、深坑、死角等处附近动火时，必须经通风和检验，确认无火灾危险时，方可按规定动火。

（3）对混合接触发生反应而导致自燃的物质，严禁混存混运；对于吸水易引起自燃或自然发热的物质，应保持使用贮存环境干燥；对于容易在空气中剧烈氧化放热的自燃物质，应密闭储存或浸在相适应的中性液体（如水、煤油等）中储存，避免与空气接触。

（4）易燃、易爆场所如油库、气瓶站、煤气站和锅炉房等要害部位严禁烟火，不得随便进入。

（5）易燃、易爆场所必须使用防爆型电器设备，并做好电气设备的维护保养工作。

（6）易燃、易爆场所的操作人员必须穿戴好防静电服装鞋帽，严禁穿钉子鞋、化纤衣物进入，操作中严防铁器撞击地面。

（7）对有静电火花产生的火灾及爆炸危险场所，提高环境湿度，可以有效减少静电的危害。

（8）可燃物存放应与高温器具、设备表面保持足够的防火间距，高温表面附近不宜堆放可燃物。

（9）高温区搭设脚手架，必须使用金属制脚手架和脚手板，严禁将脚手架搭靠或绑扎在高温管道或靠近热源。

（10）在禁火区域内动火作业时，必须按规定履行动火工作票手续，检测动火现场空气中的可燃气体或粉尘浓度，备足灭火器，动火周边不得有油污和易燃易爆物品，并设专职人员监护。动火结束后，清理现场残留火种。

（11）加强金属监督和设备检修工作，防止锅炉、压力容器、压力管道爆破，防止易燃易爆介质管道泄漏。

（12）掌握各种灭火器材的使用方法。不得用水扑灭碱金属、金属碳化物、氧化物火灾；不得用水扑灭电气火灾；不得用水扑灭比水轻的油类火灾。

四、易燃、易爆物品火灾防控

易燃物质是指在空气中容易发生燃烧或自燃放出热量的物质，如汽油、煤油、酒精等；易爆物质是指与空气以一定比例混合后遇火花容易发生爆炸的物质，如氢气、氧气、乙炔等。发电企业常见的易燃易爆物品有汽油、煤油、稀料、油漆、油脂、液氨、保温材料、防腐材料、氢气、氧气、乙炔、液化气等。

（一）存放易燃、易爆物品的安全要求

（1）易爆物品必须储放在隔离房间和保险柜内，保险柜应双锁、双人、双账管理。

（2）标识清晰、分类存放。

（3）忌水、忌晒的化学危险品应标注清楚，并妥善存放。

（4）失效、过期的化学危险品应分开存放。

（5）严禁将氧化性和还原性物质同屋存放。

（6）物品摆放应保持一定间距。

（二）易燃易爆物品库房的安全要求

（1）库房的耐火等级不低于二级，消防安全布局符合防火要求。

（2）容积较小的仓库（储存量在 50 个气瓶以下）与其他建筑物的距离应不少于 25m；较大的仓库与施工及生产地点的距离应不少于 50m；与办公楼的距离应不少于 100m。

（3）库房的门窗应采用耐火材料、应向外开，玻璃应用毛玻璃或涂白色油漆，地面砸击时不会发生火花。

（4）库房应有隔热保温、防爆型通风排气设施。

（5）库房内的电气设备应选用防爆型。

（6）库房内应装设气体、烟雾等报警装置。

（7）库房安全出口畅通，且无障碍物。

（8）库房内应有完备的消防器材和消防设施。

（9）库房门应悬挂"禁止烟火""禁止带火种"等警示牌。

（10）储存气瓶仓库周围 10m 以内，不得堆置可燃物品，不得明火。

（三）压缩气瓶的安全要求

（1）气瓶应按规定涂色和标字。

（2）气瓶应定期检验，并粘有"检验合格证"标识，检验周期如下：

1）盛装一般气体的气瓶，每 3 年检验一次。

2）盛装腐蚀性气体的气瓶，每 2 年检验一次。

3）盛装惰性气体的气瓶，每 5 年检验一次。

4）液化石油气瓶，使用未超过 20 年的，每 5 年检验一次；超过 20 年的，每 2 年检验一次。

（3）氧气瓶的减压器应涂蓝色；乙炔发生器的减压器应涂白色，不得混用。

（4）每个氧气减压器和乙炔减压器上只允许接一把焊炬或一把割炬。

（5）氧气软管应用 1.961MPa 的压力试验，乙炔软管应用 0.490MPa 的压力试验。

（6）气瓶上应套两个厚度不少于 25mm 的防震胶圈，分设在两端附近，瓶口戴保险帽。

（7）气瓶应分类存放，重瓶和空瓶应分开，用过的瓶上应注明"空瓶"，有缺陷的瓶上应注明"有缺陷"。

（8）气瓶用后应剩余0.05MPa以上的残压，可燃性气体应剩余0.2 ～0.3MPa。氧气瓶内的压力降至0.196MPa时，严禁使用。

（9）气瓶摆放应直立地面上，固定牢固。不得瓶压存放，不得靠近火、电、热、油等物质。

（10）氧气瓶不得与乙炔气瓶或其他可燃气体的气瓶储存于同一仓库。

（11）露天气瓶应用帐棚或轻便的板棚遮护，不得曝晒。

（四）管理安全作业行为

（1）易燃、易爆物品应建档，领用应登记。

（2）易燃、易爆物品必须从有资质的厂家购置，且有"检验合格证"。

（3）易燃、易爆物品领用原则上不得超过当天的使用量，现场不得超量储存。

（4）用玻璃容器盛装的化学危险品，必须放在木箱内搬运。

（5）办公室、值班室不得存放汽油、酒精、稀料等可燃物。

（6）存放汽油、稀料不得使用塑料桶。

（7）存放易燃、易爆物品的场所不得使用电热设备，不得有明火。

（8）易燃、易爆物品不得在露天、低温、高温处存放。

（9）气瓶搬运应使用专门的抬架或手推车。

（10）搬运气瓶时，应将瓶颈上的保险帽和气门侧面连接头的螺帽盖盖好。严禁运送和使用没有防震胶圈和保险帽的气瓶。

（11）装卸氧气瓶、乙炔气瓶时，不得抛、滑、滚、碰，不得使用电磁起重机和链绳吊装。

（12）氧气瓶、乙炔气瓶、易燃易爆物品或可燃气体容器均不得混合存放或同车运输。

（13）氧气瓶上不得沾染油脂、沥青等，不得曝晒。

（14）严禁用温度超过40℃的热源对气瓶加热。

（15）严禁将气瓶软管搭在高温管道上或电线上。

（16）严禁混用氧气软管和乙炔气软管。

（17）严禁使用氧气作为压力气源吹扫管道。

（18）严禁用氧气吹乙炔气管。

（19）气瓶减压器的低压室没有压力表或压力表失效，不得使用。

（20）气瓶减压器冻结时，应用热水或蒸汽解冻，严禁用火烤。

（21）开启氧气阀门应使用专门扳手，不得使用凿子、锤子开启。

（22）严禁在动火场所存储易燃物品，例如：汽油、煤油、酒精等。若需小量的润滑油和日常使用的油壶、油枪时，必须存放在指定地点的储藏室内。

（23）严禁在装有易燃物品的容器上或在油漆未干的物体上焊接作业。

（24）严禁在储有易燃易爆物品的房间内焊接作业。

（25）化学清洗时，严禁在清洗系统上明火作业。

（26）使用无齿锯时，火花飞溅方向不得有易燃易爆物品。

（27）使用喷灯时，喷嘴不得对易燃、易爆物品，不得在使用煤油或酒精的喷灯内注入汽油。

（28）油漆库及喷漆场所周围 10m 内不得有明火。

五、作业现场火灾防控

作业现场火灾主要是指违章动火、违章用电或吸烟等引燃可燃物造成的火灾。

（一）安全作业现场

（1）动火现场周围 3m 以内，严禁堆放易燃、易爆物品。不能清除时应用阻燃物品隔离（用围屏或石棉布遮盖）。

（2）电气设备附近不得堆放可燃物。

（3）照明电源线应使用橡套电缆，不得使用塑胶线。不得沿地面敷设电缆。

（4）电（热）光源距可燃物应保持一定距离，不得贴近可燃物。

（5）氧气瓶、乙炔气瓶必须直立固定放置，气瓶间距不小于 5m，与明火点不小于 10m。乙炔气瓶必须安装回火器，气瓶不得曝晒。

（6）橡胶软管的长度应不小于 15m，不得有鼓包、裂缝或漏气，不得贴补或包缠，不得搭放在高温物体上。

（7）敷设临时电缆时，不得搭在热体、油气或氢气等管道上。

（8）进入控制室、电缆夹层、控制柜、开关柜等处的电缆孔洞，必须用防火材料严密封堵。并沿两侧一定长度上涂以防火涂料或其他阻燃物质。

（9）盛装有油脂、可燃液（气）体的容器必须先清洗或置换，隔绝连接的管道，加装堵板。

（10）盛装危险化学品的容器、设备或管道等必须清洗置换后，方可动火。

（11）盛装油品的容器、设备或管道等必须用碱液浸泡、冲洗，并蒸汽吹扫后，方可动火。

（12）盛装可燃气体的容器、设备或管道等必须用惰性气体置换后，方可动火。

（13）在生产、使用、储存氧气的设备上动火前，检测氧含量不应超过 23.5%。

（14）在储酸设备上动火前，必须检测氢气浓度，以防氢气聚集发生燃烧和爆炸。

（15）热体、油气或氢气等易引起着火的管道附近不得堆放可燃物。

（16）动火地点最多只许有两个氧气瓶（一个工作、一个备用）。

（17）动火作业区域或下方必须设置警戒线，设专人看护，并备有专用灭火器材。

（二）安全作业行为

（1）电（气）焊动火执行人必须持有焊工证，并穿戴好个人防护用品。

（2）焊枪点火时，应先开氧气门，再开乙炔气门，点火。熄火时与此相反。

（3）严禁在焊枪着火时疏通气焊嘴。

（4）橡胶软管使用中发生脱落、破裂或着火时，应先熄灭焊枪火焰，停止供气，然后再灭火。

（5）焊嘴过热堵塞发生回火或多次鸣爆时，应先熄灭焊枪，再将焊嘴浸入冷水中。

（6）动火时应控制火花飞溅，必要时铺设石棉布（毯），动火结束应清理现场火种。

（7）动火执行人应站在动火点的上风处。严禁电焊与气焊上下交叉作业。

（8）动火点周边有可燃物时，不得动火。

（9）对地下室内、电缆沟、疏水沟、下水道和井下等情况不明时，不得动火。

（10）对拆除管线的内部介质不清时，不得动火。

（11）未清洗或置换盛装过易燃易爆物质的容器或管道时，不得动火。

（12）在容器内衬胶、涂漆、刷环氧玻璃钢时，应打开人孔门及管道阀门。严禁明火。

（13）严禁向密封容器内部输送氧气。

（14）严禁在密闭容器内同时进行电焊及气焊作业。

（15）严禁使用氧气（乙炔）管道作为接地装置。

（16）可燃材料（如保温、隔热、隔音等）与动火点未可靠隔离时，不得动火。

（17）在有可能产生易燃气体（如汽油擦洗、喷漆、灌装汽油等）的场所，不得动火。

（18）电缆与动火点未可靠隔离时，不得动火。

（19）在脱硫吸收塔内动火时，作业区域、吸收塔底部应各设1人监护，并确认消防水系统、除雾器冲洗水系统在备用状态。

（20）进行脱硫塔除雾器和喷淋系统检修时，严禁动火。

（21）在袋式除尘器入口烟道、气流均布板、烟气室检修时，必须做好防止火花进入除尘器滤袋区域的措施。

（22）严禁在衬胶、涂磷的防腐设备上（如脱硫塔、球磨机、衬胶泵、烟道、箱罐、管道等）进行动火作业。

（23）氨（尿素）设备及管道动火前，应用惰性气体进行置换，检测合格后，方可作业。严禁使用钢（铁）质工具操作氨系统的阀门。

（24）严禁在存储氨的管道、容器外壁进行焊接作业。

（25）储仓内存有尿素时，不得在仓内、外壁上动火作业。

（26）在地下维护室和沟道内使用汽油机或柴油机时，应将排气管接到外面。

（27）在衬里设备外表面进行动火时，应做好防止衬里着火的措施。

（28）凝结水精处理设备动火前，必须检测氢气浓度。

（29）制氯设备动火前，必须将设备冲洗干净，排出残存的氢气和氯气。

六、输煤（制粉）系统火灾防控

输煤（制粉）系统火灾主要是指原煤、煤粉遇明火或高温体引发的火灾。火电厂输煤系统包括卸煤、输煤、给煤、储煤系统。其中，卸煤设备有螺旋卸车机、翻车机等，输煤设备有皮带、皮带传动设备（电动机、减速机），给煤设备有叶轮给煤机、振动给煤机等，储煤系统有储煤罐、原煤仓（斗）、煤场。制粉系统包括磨煤机、煤粉仓、给粉机、输粉管等。

（一）安全作业现场

（1）输煤设备上或周围的积粉应经常清理，不得长期积存。

（2）长期停运的输煤设备（皮带）不得存有原煤和煤粉。

（3）输煤皮带与动火设备间应搭设防火隔离层或铺设防火毯等，方可动火。

（4）储煤场应有良好照明、排水沟和消防设备，消防车辆的通路应畅通。煤场周边不得堆放易燃、易爆物品。

（5）储煤场的地下不得敷设电缆、蒸汽管道、易燃或可燃液体（气体）管道。

（6）制粉系统附近不得堆放易燃、易爆物品。

（7）制粉系统管道必须加阻燃保温材料。

（8）磨煤机排渣门附近不得有可燃物。

（9）制粉系统防爆门不得正对电缆或易燃物。

（10）电缆排架上不得有积粉。

（11）现场煤粉浓度不得超标，应控制在 $359g/m^3$ 以下。

（12）筒仓下部入口处应设"严禁烟火"警示牌，顶部防爆窗外设"危险！请勿靠近"警示牌。

（二）安全作业行为

（1）检修制粉设备前，应与有关系统可靠隔绝，清除设备内部积粉，打开人孔门。必要时检测粉尘浓度。

（2）热（电）源附近不得有积煤（粉）或可燃物等。

（3）煤（粉）仓动火前，应先清空煤（粉）仓，并检测仓内粉尘、可燃气体浓度。

（4）锅炉停用时间较长时，应将煤斗原煤烧尽，防止积煤自燃。

（5）输煤（制粉）系统的电气设备、配电箱（盘）内及电缆排架上的积粉应定期清扫。

（6）严禁在制粉设备附近吸烟或点火。

（7）严禁在运行中的制粉设备上焊接作业。

（8）严禁在煤粉仓内（外）附近吸烟或点火。

（9）严禁将易燃物品带进煤粉仓内。

（10）清理煤粉仓积粉时，应使用铜质或铝质工具，防止产生火花。

（11）积粉自燃时，应用喷壶或其他器具把水喷成雾状，熄灭火源。严禁用压力水管直接浇注着火的煤粉，以防煤粉飞扬爆炸。

七、油系统火灾防控

油系统火灾主要是指油介质或油气遇明火或高温体引发的火灾。油系统包括燃油系统、汽轮机油系统、密封油系统。其中，燃油系统包括卸油栈台、油泵房、储油罐、输油管道、油枪、污油泵房等；汽轮机油系统包括油箱、润滑油泵、主油泵、抗燃油泵、油管道等；密封油系统包括密封油箱、密封油泵、油管道等。

（一）安全作业现场

（1）燃油（气）区大门处必须挂有安全注意事项及安全标示牌，装设释放人体静电装置，以及存放手机和火种的铁箱。

（2）热力管道应布置在燃油（气）管道的上方。

（3）燃油（气）区内各种电气设施（如照明、电话、门铃等）应采用防爆型。

（4）燃油（气）区的电力线路必须是暗线或电缆，不得有架空线。

（5）油泵房及油罐区严禁采用皮带传动装置，以免产生静电引起火灾。

（6）油泵电动机外壳接地线必须完好，牢固可靠。

（7）油管（气）道法兰必须装设环型接地板（铜板 2mm 以上），且有明显的接地点。

（8）卸油区内铁道必须用双道绝缘与外部铁道隔绝。油区内铁路轨道必须互相用金属导体跨接牢固，并有良好接地装置，接地电阻不大于 5Ω。

（9）储存轻柴油、汽油、煤油、原油的油罐顶部应装设呼吸阀。

（10）储存重柴油、燃料油、润滑油的油罐顶部应装设透气孔和阻火器。

（11）燃油（气）罐接地线与电气设备接地线应分别装设。

（12）卸油区及燃油（气）罐区必须装设避雷装置和接地装置，且每年定期检验一次。

（13）地面和半地下油罐的周围应建有防火堤（墙），金属油罐应有淋水装置。

（14）燃油（气）区内应安装在线消防报警装置，并备有足够的消防器材。

（15）燃油（气）区的周围必须设有消防车行驶通道，通道尽头设有回车场。

（16）燃油区的周围必须设置围墙，高度不低于 2m，并挂有"严禁烟火"等警告牌。

（二）安全作业行为

（1）进入油区人员不得穿化纤衣服，不得穿带钉子的鞋。

（2）进入油区必须登记，交出手机和火种，并释放人体静电。

（3）火车机车进入卸油区时，其烟囱应扣好防火纱网，不得开动送风器和清炉渣。

（4）进入燃油（气）区的机动车辆必须加装防火罩、接地线。严禁电瓶车进入燃油（气）区。

（5）油船、汽车卸油时，应可靠接地，输油软管应接地。

（6）进入卸油区的机车行驶速度应小于 5km/h，不得急刹车，挂钩应缓慢。车体不得跨在铁道绝缘段上停留，避免电流由车体进入卸油线。油区内禁止溜放车。

（7）打开油车上盖时，人应站在侧面轻开上盖。严禁用铁器敲打油车上盖。

（8）严禁将箍有铁丝的胶皮管或铁管接头伸入仓口或卸油口。

（9）油车、油船卸油时，油管道安全流速不应大于 4.5m/s。

（10）严禁在可能发生雷击或附近存在火警的环境中卸油作业。

（11）燃油（气）区内不得储存易燃物品和堆放杂物，不得塔建临时建筑。

（12）在燃油管道上和通向油罐（油池、油沟）的其他管道上（包括空管道）动火前，靠油罐（油池、油沟）一侧的管路法兰应拆开通大气，用绝缘物分隔，冲净管内积油，放尽余气。

（13）在拆下的油管上动火前，应先将管子冲洗干净。若不能冲洗时应用洁净的棉布擦拭干净，并检测油气含量。

（14）在油罐内动火前，应将通向油罐的所有管路隔绝，拆开管路法兰通大气，并冲洗干净油罐内部。

（15）油系统动火前，必须检测油气含量浓度，合格后方可作业。严禁采用明火办法测验。

（16）在油区焊接时，电焊机的接地线应接在被焊接设备上，接地点应靠近焊接件，不得采用远距离接地回路。

（17）检修燃油设备（管道）时，应使用铜制工具或专用防爆工具。必须使用铁制工具时，应涂黄油。

（18）用电气仪表测量油罐油温时，严禁将电气接点暴露于燃油及燃油气体内，以免产生火花。

（19）油系统不得使用电热设备，不得用明火烘烤冻结的油管及设备。

（20）严禁在油系统及油管道上直接动火。

（21）擦拭用的废棉丝应随手放入金属容器内，并及时清理。

（22）接临时电源时，电源应设置在油区外面，电缆不得有接头。严禁将电线跨越或架设在油管道上。严禁将电线引入未经冲洗、隔绝和通风的容器内。

八、氢气系统火灾防控

氢气系统火灾主要是指氢气遇明火或高温体引发的火灾。氢气系统包括氢罐、制氢设备、氢气冷却器、氢管道、储氢站、氢冷发电机等。

（一）安全作业现场

（1）制（储）氢站大门处必须挂有安全注意事项及安全标示牌，装设释放人体静电装置，以及存放手机和火种的铁箱。

（2）氢气系统作业现场周边不得堆放易燃易爆物品。

（3）氢气系统检修前，必须将检修设备与运行设备可靠隔断，加装堵板，并置换气体。

（4）氢气瓶与盛有易燃易爆、可燃物、氧化性气体的容器间距不小于 8m。

（5）氢气瓶与明火或普通电气设备的间距不小于 10m。

（6）氢气瓶与空调设备、空气压缩机和通风设备等吸风口的间距不小于 20m。

（7）氢气管架上不得敷设电缆（线）。

（8）氢气管道与燃气管道、氧气管道平行敷设时，净距不少于 250mm；分层敷设时，氢气管道应在上方。

（9）制（储）氢站内的电气、通信设备（设施）均应采用防爆型。

（10）接临时电源时，电源应设置在氢区外面，照明灯具应采用防爆型，电缆不得有接头。

（11）制（储）氢室应装设漏氢检测装置，房顶应有透气窗。

（12）制（储）氢站门窗应采用不产生火花材料，门应向外开。

（13）氢罐应每 6 年检验一次，安全阀、压力表应每年检验一次。

（14）制（储）氢站作业现场应自然通风良好，必要时设置防爆机械通风设备。

（15）制（储）氢站、发电机附近应备有消防设备，挂"严禁烟火"警示牌。

（16）制（储）氢站必须设置防雷装置，且每年定期检验一次。

（17）制（储）氢站周围应设有不低于 2m 的围墙。

（二）安全作业行为

（1）进入制（储）氢站的作业人员必须穿防静电工作服，不得穿带铁钉的鞋。

（2）进入制（储）氢站必须登记，交出手机和火种等，并释放人体静电。

（3）氢气系统动火前，应用二氧化碳或氮气置换氢气，并检测空气中含氢量小于 3%；动火中应至少每隔 4h 测定一次空气中的含氢量。

（4）向储氢罐、发电机输送氢气时，严禁剧烈排送，以防因摩擦引起自燃或爆炸。

（5）维修制氢设备时，手和衣服不得沾有油脂，且使用铜制工具。必须使用钢制工具时，应涂上黄油。

（6）进入制（储）氢站的机动车辆必须加装防火罩。严禁电瓶车进入制（储）氢站。

（7）严禁在运行中的氢气系统及管道上直接动火。

（8）氢气系统查漏时，应使用测氢仪或肥皂水，严禁用明火检查。

（9）氢气管道、阀门或设备冻结时，应用蒸汽或热水解冻，严禁用火烤。

（10）氢气着火时，应先切断氢源，用二氧化碳灭火。必要时可用石棉布密封漏氢处。

九、风力发电机组火灾防控

风力发电机火灾主要是指机舱、塔筒内的设备检修防控不当、电气设备超载短路或雷击等引发的火灾。重要防火部位主要有发电机、变速箱、润滑油系统、刹车装置、电缆、电气设备及电控柜等。

（一）安全作业现场

（1）风机叶片、机舱、隔热吸音棉应采用不燃、难燃或经阻燃处理的材料。

（2）机舱内涂刷防火涂料。

（3）刹车系统必须采取对火花或高温碎屑的封闭隔离措施。

（4）风机机舱、塔筒内的电气设备及防雷设施的预防性试验合格。

（5）风机机舱、塔筒内的电缆必须采用阻燃电缆。电缆孔洞封堵严密，且涂刷电缆防火涂料。

（6）风机机舱的齿轮油系统应严密、无渗漏。法兰不得使用铸铁材料，不得使用塑料垫、橡胶垫（含耐油橡胶垫）和石棉纸、钢纸垫。

（7）风机机舱内的保温材料必须采用阻燃材料。

（8）风机机舱、塔筒内应装设火灾预警系统（如感烟探测器）和灭火装置。必要时可装设视频火灾监测系统。

（9）风机机舱、塔筒内每个平台处均应摆放合格的消防器材。

（10）风机机舱的末端应装设提升机，配备缓降器、安全绳和安全带，且定期检验合格，保证人员逃逸或施救的安全。

（11）风机塔筒的醒目部位必须悬挂以下安全警示牌，保证齐全规范。

（12）风机塔筒内的动火现场安全要求：

1）清除动火区域内可燃物，不能清除时应用阻燃物隔离。

2）氧气瓶、乙炔气瓶应摆放、固定在塔筒外，气瓶间距不得小于 5m，不得曝晒。

3）电焊机电源应取自塔筒外，不得将电焊机放在塔筒内。

4）塔筒内应保持良好通风和充足照明。

5）动火现场应备有灭火器材。

（二）安全作业行为

（1）进入风机机舱、塔筒内，严禁携带火种，严禁吸烟。

（2）风机机舱、塔筒内不得存放易燃、易爆物品。

（3）风机机舱、塔筒内的加热（取暖）设备周边不得有可燃物。

（4）风机机舱、塔筒内的照明灯具应距可燃物保持一定距离。

（5）风机机舱、塔筒内清洗、擦拭设备时，必须使用非易燃清洗剂。严禁使用汽油、酒精等易燃物品。

（6）电缆敷设后，必须及时封堵电缆孔洞。

（7）电（气）焊动火执行人必须持有焊工证，并穿戴好个人防护用品。

（8）风机机舱、塔筒内应尽量避免动火作业。必须动火时应做好防火隔离安全措施，动火结束后清理火种。

（9）严禁在机舱内油管道上进行焊接作业。

十、火灾救援

（一）灭火的基本方法

（1）隔离灭火法。隔离或移开火源与周围的可燃物质，燃烧会因缺少可燃物而停止。例如，将火源附近的可燃、易燃、易爆和助燃物搬走；关闭可燃气体、液体管路的阀门，以减少和阻止可燃物质进入燃烧区；设法阻拦流散的液体；拆除与火源毗连的易燃建筑物等。

（2）窒息灭火法。阻止空气流入燃烧区或用不燃物质冲淡空气，使燃烧物质得不到氧气而熄灭。例如，用不燃或难燃物捂盖燃烧物、水蒸气或惰性气体灌注容器设备封闭起火的建筑、设备的孔洞等。

（3）冷却灭火法。将灭火剂直接喷射到燃烧物上，以增加散热量，降低燃烧物的温度于燃点以下，使燃烧停止或者将灭火剂喷洒在火源附近的物体上，使其免受火焰辐射热的威胁，避免形成新的火焰。

（4）抑制灭火法。使灭火剂参与燃烧反应过程中去；使燃烧过程中产生游离基消失，而形成稳定分子或低活性的游离基，使燃烧反应因缺少游离基而停止。

（5）水有良好的灭火性能，是最常见、最经济、最方便的灭火剂。把水浇在柴草、木材等一般燃烧物上，能使燃烧物的表面温度迅速降到燃点以下。同时，1L 水受热汽化后能产生 1700 多升的水蒸气，水蒸气可以稀释燃烧区的可燃气体和助燃气体的浓度，并能阻止空气进入燃烧区，从而使火熄灭。

（二）灭火器的使用方法

常用的灭火器均为直接启动储存式，使用时去掉保险栓，将喷嘴对准火焰根部，按下灭火器的把柄，喷出的灭火剂即可灭火。

（1）泡沫灭火器适用于扑救油脂类、石油产品火灾，如汽油、煤油、柴油等易燃、可燃液体引起的火灾。使用泡沫灭火器时，将灭火器筒身倒置，使筒体内的溶液和瓶胆内的溶液发生化学反应，产生泡沫，并从喷嘴喷出，把油脂等液体覆盖起来，起到灭火作用。

（2）二氧化碳灭火器适用于易燃、可燃液体、可燃气体和低压电器设备、仪器仪表、图书档案、工艺品、陈列品等初起火灾的扑救。扑救棉麻、纺织品火灾时，注意防止复燃。使用方法是：先拔出保险栓，再压下压把（或旋动阀门），将喷口对准火焰根部灭火。使用时最好戴上手套，防止冻伤。扑救电气设备时，应先断电后灭火。

（3）干粉灭火器适用于扑救易燃、可燃液体、气体和带电设备初起火灾。使用方法与二氧化碳灭火器相同。使用前，应先把灭火器上下颠倒几次，使筒内干粉松动，应使喷嘴对准燃烧最猛烈处，左右扫射，并应尽量使干粉灭火剂均匀地喷洒在燃烧物表面，直至把火全部扑灭。因干粉的冷却作用甚微，一定要防止复燃。

（4）消防栓打开底部（或上面）边上的盖，接上水带和水枪，水就能射出很远，起到灭火作用。

第七章 消　防

第一节　消　防　管　理

消防包括预防和消灭火灾，正确处理好"防"与"消"的关系，必须全面、认真、准确贯彻执行"预防为主、防消结合"消防方针。

一、责任分工

（1）消防归口管理部门负责牵头消防依法合规手续的办理，负责消防设施监督检查，负责自建形式、联建形式与委托承包形式专职消防队的管理。

（2）设备部负责消防设施的维护与维修。

（3）部门（车间）是消防设施、设备的责任主体。负责管辖区域的消防安全管理以及消防设施、设备的日常巡检和防火检查工作。

二、消防安全制度

企业应建立健全消防安全制度，主要包括以下内容：

（1）消防安全教育、培训；

（2）防火巡查、检查；

（3）安全疏散设施管理；

（4）消防（控制室）值班；

（5）消防设施、器材维护管理；

（6）火灾隐患整改；

（7）用火、用电安全管理；

（8）易燃易爆危险物品和场所防火防爆；

（9）专职和义务消防队的组织管理；

（10）灭火和应急疏散预案演练；

（11）燃气和电气设备的检查和管理（包括防雷、防静电）；

（12）消防安全工作考评和奖惩；

（13）其他必要的消防安全内容。

三、组织机构

（1）防火安全委员会。防火委员会主任由企业安全第一责任人担任，委员由企业副职、各部门负责人及长期项目部负责人组成。

防火安全委员会下设办公室，办公室设在消防归口管理部门，具体负责防火安全日常监督检查工作。

（2）义务消防队。企业应成立义务消防队，人数应占员工总数的 10% 以上，单位重点防火部位员工均为义务消防队队员。

（3）专职消防队。

1）自建形式专职消防队。由企业人员组件专职消防队伍，消防归口管理部门配备一名副职履行全面管理责任。消防队员按标准配备。消防器材应满足《城市消防站建站标准》和企业实际需求。大型企业必须建专职消防队。

2）联建形式专职消防队。由企业和地方消防主管部门联合组件专职消防队，消防归口管理部门配备一名副职全面负责消防管理。签订合同，明确职责，保证企业所需消防力量及日常消防监护要求。

3）委托承包形式专职消防队。由企业与具备资质的专业公司签订委托合同，组建专职消防队，应明确双方职责，保证企业所需消防力量及日常消防监护要求。

四、依法合规

（1）消防归口管理部门负责牵头消防设计审查、检测和验收工作。

（2）消防归口管理部门建立防火检查、火灾隐患治理、消防器材管理、专职消防队管理等制度。

五、重点防火部位管理

（1）消防归口管理部门确定企业重点防火部位。

（2）对重点防火部位或场所进行标识，指定防火负责人。

（3）规定重点防火部位或场所检查形式、内容、项目、周期和检查人，对发现的火险隐患应限期整改。

六、培训与训练

（1）消防归口管理部门组织制定《企业消防培训计划》，并监督实施。

（2）下列人员应当接受消防安全专门培训：

1）企业消防安全第一责任人、消防安全管理分管领导。

2）专、兼职消防管理人员。

3）消防控制室的值班、操作人员。

4）一线生产人员。

5）其他依照规定应当接受消防安全专门培训的人员。

（3）消防管理人员及工作人员要参加地方公安消防机关消防培训。

（4）消防队定期开展灭火演练、战术训练及体能训练。

七、防火检查

（1）消防归口管理部门负责企业防火检查监督管理工作，建立防火检查档案，防火检查每月不少于一次。

（2）部门（车间）是防火工作的责任主体，负责日常防火检查和巡查。消防设施、器材作为运行人员日常检查内容，部门（车间）安全员将防火检查作为重点工作内容。

八、消防设施、设备、器材的试验

消防设施、设备、器材的试验包括对火灾报警系统、气体灭火系统、消防水系统、自动水灭火系统及消防系统联动等的定期试验。

消防归口管理部门监督企业有关部门和维保单位，对本界区的消防设施、设备进行定期试验。

九、消防设施、设备、器材的维护保养

（1）设备管理部门负责对本辖区内的消防设施、设备维护保养。

（2）消防归口管理部门负责消防器材的充装和更换。

十、火灾隐患整改

（1）部门（车间）是隐患整改的责任主体。

（2）消防归口管理部门对企业各种检查发现的火灾隐患整改情况进行监

督、考核。

十一、消防监护

专职消防队员应承担危险性大的动火作业检修等有可能发生火灾情况下的现场监护工作。与地方联建或依托承包形式的，要在合同中约定，保证监护力量。

十二、消防档案管理

企业各部门必须建立健全消防档案，设专人进行管理。消防档案包括：

（一）消防安全基本情况

消防安全基本情况如下：

（1）单位基本概况和消防安全重点部位情况；

（2）建筑物或者场所施工、使用或者开业前的消防设计、审核、消防验收以及消防安全检查的文件、资料；

（3）消防管理组织机构和各级消防安全责任人；

（4）消防安全制度；

（5）消防设施、灭火器材情况；

（6）专职消防队、义务消防队人员及其消防装备配备情况；

（7）与消防安全有关的重点工种人员的情况；

（8）新增消防产品、防火材料的合格证明材料；

（9）灭火和应急疏散预案。

（二）消防安全管理情况

消防安全管理情况如下：

（1）公安消防机构填发的各种法律文书；

（2）消防设施定期检查记录、自动消防设施全面检查测试的报告以及维修保养的记录；

（3）火灾隐患及其整改情况记录；

（4）防火检查、巡查记录；

（5）有关燃气、电气设备检测（包括防雷、防静电）等记录资料；

（6）消防安全培训记录；

（7）灭火和应急疏散预案的演练记录；

（8）火灾情况记录；

（9）消防奖惩情况记录。

第二节　消防日常工作检查表

一、日检查

消防安全重点单位应当进行每日防火巡查，并确定巡查的人员、内容、部位和频次。巡查的内容应当包括：

（1）用火、用电有无违章情况；

（2）安全出口、疏散通道是否畅通，安全疏散指示标志、应急照明是否完好；

（3）消防设施、器材和消防安全标志是否在位、完整；

（4）常闭式防火门是否处于关闭状态，防火卷帘下是否堆放物品影响使用；

（5）消防安全重点部位的人员在岗情况；

（6）其他消防安全情况。

二、月检查

（1）企业应当至少每月进行一次防火检查。检查的内容应当包括：

1）火灾隐患的整改情况以及防范措施的落实情况；

2）安全疏散通道疏散指示标志、应急照明和安全出口情况；

3）消防车通道、消防水源情况；

4）灭火器材配置及有效情况；

5）用火、用电有无违章情况；

6）重点工种人员以及其他员工消防知识的掌握情况；

7）消防安全重点部位的管理情况；

8）易燃易爆危险物品和场所防火防爆措施的落实情况以及其他重要物资的防火安全情况；

9）消防（控制室）值班情况和设施运行、记录情况；

10）防火巡查情况；

11）消防安全标志、设置情况和完好、有效情况；

12）其他需要检查的内容。

（2）防火检查应当填检查记录。检查人员和被检查部门负责人应当在检查记录上签名。

三、自动消防系统检查

设有自动消防设施的单位，应当定期对其自动消防设施进行全面检查测试，并出具检测报告，存档备查。

四、灭火器检查

（1）单位应当定期对灭火器进行维护保养和维修检查。

（2）灭火器应当建立档案资料，记明配置类型、数量、设置、检查维修单位（人员）、更换药剂的时间等有关的情况。

第八章 职业卫生

职业健康是安全生产的一项不可或缺的内容。随着我国职业安全形势的不断好转，职业健康工作越来越成为企业、各级政府一项日常重要工作。

第一节 职业卫生管理重点

一、责任分工

（1）企业行政正职对职业卫生管理工作全面负责。

（2）企业生产副职是职业卫生的分管领导。

（3）安全监督部门是职业卫生的归口管理部门，负责办理依法合规手续，负责制定职业卫生管理制度并监督检查，负责组织厂级职业卫生培训工作，建立职业卫生档案，负责职业病危害项目申报和职业危害因素日常监测，负责提出职业卫生防护用品需求计划。

（4）人力资源部门负责职工劳动工伤保险办理，组织职工体检，建立员工职业健康监护档案。

（5）物资管理部门负责职业卫生防护用品的采购、保管和发放。

（6）设备管理部门负责职业病防护设施维护保养。

二、依法合规手续

（1）可行性论证阶段。办理《职业病危害预评价报告》的备案或审核。

（2）设计阶段。办理《职业病防护设施设计专篇》的评审或审查。

（3）试运行阶段。进行职业病危害控制效果评估，并编制评估报告。

（4）竣工验收阶段。编制验收方案，并将验收方案向管辖该建设项目的安全生产监督管理部门进行方案报告。

（5）生产阶段。开展职业危害因素日常监测和定期检测并按要求告知或上报。

三、主要工作

（一）建章建制

存在职业病危害的用人单位应当制定职业病危害防治计划和实施方案，建立健全关于职业病危害防治责任制、项目申报、宣传教育培训、防护用品管理、监测及评价管理、事故处置与报告、应急救援与管理、职业健康监护及其档案管理、防护设施维护检修、职业卫生"三同时"管理等制度和岗位职业卫生操作规程。编制职业病危害事故应急救援预案，并组织演练。

（二）人员培训

（1）主要负责人和职业卫生管理人员必须接受职业卫生知识和管理能力培训。

（2）组织职工进行职业卫生培训，掌握职业卫生知识，提高职业防护技能。

（三）职工体检

人力资源部门组织上岗前、在岗期间、离岗时和应急职业健康检查，并将检查结果书面告知劳动者。

（四）建立档案

（1）安全监督部门建立企业的职业卫生档案。

（2）人力资源部门建立员工的职业健康监护档案。

（五）防护设施

（1）可能发生急性职业损伤的有毒、有害场所，设置报警装置，配置现场急救用品、冲洗设备、应急撤离通道和必要的泄险区。在产生严重职业病危害的作业岗位，设置警示标识和警示说明，包含职业病防治相关信息、方案、检测结果。

（2）运行人员和点检员对职业病防护设备、应急救援设施进行检查。

（六）检测公告

（1）检测人员按照安全监督部门制定的职业卫生检测计划完成职业病危害因素日常监测。

（2）安全监督部门定期公告工作场所职业病危害因素监测结果。

（3）安全监督部门每年联系有资质的单位至少进行一次职业病危害因素检测。

（七）职业病危害现状评价

职业病危害严重的用人单位，每三年至少进行一次职业病危害现状评价。

（八）应急管理

基层企业制定职业病应急预案并组织演练。

第二节　职业卫生检查表

用人单位职业卫生基础建设主要内容及检查方法见表 8-1。

表 8-1　　　　用人单位职业卫生基础建设主要内容及检查方法

项目	主要内容	检查方法
责任体系	建立职业病防治责任制度	查阅书面文件的职业病防治责任制度。责任制度应具体包括主要负责人、分管负责人、管理人员以及劳动者等各类人员的职业病防治职责和义务，还应包括职业卫生领导机构、职业卫生管理部门以及用人单位其他相关管理部门在职业卫生管理方面的职责和要求
规章制度	建立健全职业卫生管理制度	查阅书面文件的职业卫生管理制度。管理制度包括警示与告知制度、申报制度、宣传教育培训制度、防护设施维护检修制度、防护用品管理制度、监测及评价管理制度、职业卫生"三同时"管理制度、职业健康监护及其档案管理制度、职业病危害事故处置与报告制度、应急救援与管理制度、岗位职业卫生操作规程等《工作场所职业卫生监督管理规定》（国家安全监管总局令第 47 号）要求的管理制度。重点检查制度的针对性和落实情况
管理机构	设置或指定职业卫生管理机构	查阅用人单位相关文件，文件应明确设置或指定职业卫生管理机构或者组织，并检查机构或组织工作开展情况
	配备专职或兼职职业卫生管理人员	查阅文件，危害严重或劳动者超过 100 人的用人单位应当配备专职的职业卫生管理人员；其他存在职业病危害的用人单位，劳动者在 100 人以下的应当配备专职或者兼职的职业卫生管理人员，并当面核实管理人员的工作情况
	建立健全职业卫生档案	档案内容应当包括职业病防治责任制文件；职业卫生管理规章制度与操作规程；工作场所职业病危害因素种类清单；岗位分布以及作业人员接触情况等资料；职业病防护设施、应急救援设施基本信息，以及其配置、使用、维护、检修与更换等记录；工作场所职业病危害因素检测、评价报告与记录；职业病防护用品配备、发放、维护与更换等记录；主要负责人、职业卫生管理人员和职业病危害严重工作岗位的劳动者等相关人员职业卫生培训资料；职业病危害事故报告与应急处置记录；劳动者职业健康检查结果汇总资料，存在职业禁忌、职业健康损害或者职业病的劳动者处理和安置情况记录；建设项目职业卫生"三同时"有关技术资料，以及其备案、审核、审查或者验收等有关回执或者批复文件；职业病危害项目申报等有关回执或者批复文件等《工作场所职业卫生监督管理规定》（国家安全监管总局令第 47 号）要求的档案

续表

项目	主要内容	检 查 方 法
	职业病危害项目申报	查阅安监部门申报回执,重要事项变更是否及时进行变更申报
	建设项目预评价报告经安监部门审核通过	检查用人单位 2012 年 6 月 1 日后即《建设项目职业卫生"三同时"监督管理暂行办法》(国家安全监管总局令第 51 号)颁布以来新建、改建、扩建和技术改造、技术引进建设项目(首先查建设项目清单)职业病危害预评价报告及批复
	职业病危害严重的建设项目,其防护设施设计经过安监部门审查	检查用人单位 2012 年 6 月 1 日后即《建设项目职业卫生"三同时"监督管理暂行办法》(国家安全监管总局令第 51 号)颁布以来新建、改建、扩建和技术改造、技术引进建设项目职业病防护设施设计专篇审查及有关批复
	建设项目竣工时,职业病危害控制效果评价报告经安监部门审核通过,职业病防护设施经安监部门验收合格	检查用人单位 2012 年 6 月 1 日后即《建设项目职业卫生"三同时"监督管理暂行办法》(国家安全监管总局令第 51 号)颁布以来新建、改建、扩建和技术改造、技术引进建设项目职业病危害控制效果评价报告及验收批复
前期预防	优先采用有利于职业病防治和保护劳动者健康的新技术、新工艺和新材料	综合评估用人单位的工艺、技术、装备和材料的先进水平(与现阶段国内同类用人单位相比,工艺、技术、装备和材料较为先进,主要考虑密闭化、机械化、自动化,低毒或无毒原料等因素)
	不生产、经营、进口和使用国家明令禁止的可能产生职业病危害的设备和材料	监管机构查阅最新国家产业政策文件(国家发展改革委公布的《产业结构调整指导目录》和工信部相关行业准入条件),并进行核对
	对有危害的技术、工艺和材料隐瞒其危害而采用;主要原材料有 MSDS(物质安全数据表)	主要检查原辅材料的有毒、有害成分是否明确(检查用人单位对供应商有无提出书面要求,且供应商是否提供)
	可能产生职业病危害设备有中文说明书	现场查看有无中文说明书
	在可能产生职业病危害的设备的醒目位置设置警示标识和中文警示说明	依据《工作场所职业病危害警示标识》(GBZ 158—2003)和《高毒物品作业岗位职业病危害告知规范》(GBZ/T 203—2007)现场查看主要产生粉尘、有毒物质或放射性的设备,有无警示标识、中文警示说明和告知卡(重点检查存在矽尘、石棉粉尘、高毒和放射性物质危害的设备)
	使用、生产、经营产生职业病危害的化学品,有中文说明书	现场查看原料包装,有没有中文说明书

项目	主要内容	检 查 方 法
前期 预防	使用放射性同位素和含有放射性物质材料的,有中文说明书	现场检查(《电离辐射防护与辐射源安全基本标准》(GB 18871—2002)豁免的放射性同位素除外)
	不得转嫁职业病危害的作业给不具备职业病防护条件的单位和个人	查阅有关用人单位文件和外包合同是否明确职业卫生管理责任,重点检查劳务派遣用工单位职业卫生管理状况,是否落实劳动合同告知、职业健康监护与个体防护用品发放等情况
工作场所管理	工作场所职业病危害因素的强度或者浓度符合国家职业卫生标准	查阅检测报告(关注检测时工况与气象条件),重点检查矽尘、石棉粉尘、高毒物品和放射性物质浓度或强度达标情况
	有害和无害作业分开	现场检查,主要检查接触矽尘、石棉粉尘、高毒物质岗位是否与其他岗位隔离;接触有毒有害岗位与无危害岗位是否隔开;有毒物品和粉尘的发生源是否布置在操作岗位下风侧
	工作场所与生活场所分开,工作场所不得住人	现场检查
	可能发生急性职业病危害事故的有毒、有害工作场所,设置报警装置	按照《工作场所有毒气体检测报警装置设置规范》(GBZ/T 223—2009)要求的设置要求进行现场检查
	可能发生急性职业病危害事故的有毒、有害工作场所,配置现场急救用品	现场检查[可参考《工业企业设计卫生标准》(GBZ 1—2010)附录A.4,急救箱配置药品应与现场易致中毒物质相匹配,劳动者可及时获取药品]
	可能发生急性职业损伤的有毒、有害工作场所,配置冲洗设备	在酸、碱作业场所必须配备应急喷淋洗眼器,保证一旦发生事故,劳动者及时获得冲洗
	放射工作场所配置安全连锁与报警装置	现场检查
	一般有毒作业场所设置黄色区域警示线、高毒作业场所设置红色区域警示线	现场检查
	专人负责职业病危害因素日常监测	查阅用人单位监测记录或报告,重点检查粉尘与高毒物品日常监测

续表

项目	主要内容	检 查 方 法
工作场所管理	按规定每年至少一次对工作场所职业病危害因素检测	查阅用人单位由具有资质机构出具的检测报告，并注重检查检测点是否满足《工作场所空气中有害物质监测的采样规范》（GBZ 159—2004）选点原则与数量要求
	职业病危害严重用人单位每三年至少进行一次职业病危害现状评价	检查重点：职业病危害严重且未开展过职业卫生"三同时"的用人单位在《工作场所职业卫生监督管理规定》（国家安全监管总局令第 47 号）颁布后是否开展现状评价情况
	在醒目位置公布有关职业病防治的规章制度和操作规程	现场检查核实公告栏
	产生严重职业病危害作业岗位，在其醒目位置，设置警示标识和中文警示说明	现场重点检查存在矽尘、石棉粉尘、高毒和放射性物质的岗位
	签订劳动合同，并在合同中载明可能产生的职业病危害及其后果；并载明职业病防护措施和待遇	抽查劳动合同是否有相关条款进行告知，或者有没有补充合同或专项合同
	在醒目位置公布职业病危害事故应急救援措施	仅针对可能产生急性中毒工作场所进行现场检查
	作业场所职业病危害因素监测、评价结果告知	检查通过公告栏、书面通知或其他有效方式告知情况，现场询问 3 名劳动者
	告知劳动者职业健康检查结果	现场选择劳动者 3 名，进行询问核实
	对于患职业病或职业禁忌证的劳动者企业应告知本人	如存在职业病或职业禁忌，抽查询问 1 名存在职业禁忌劳动者
防护设施	职业病防护设施台账齐全	现场查阅台账
	职业病防护设施配备齐全	重点检查矽尘、石棉粉尘、高毒或放射性工作场所的设施配备情况
	职业病防护设施有效	查阅设施设计方案、检测报告，并现场测量
	及时维护、定期检测职业病防护设施	查维修和检测记录

续表

项目	主要内容	检 查 方 法
个人防护	有个人职业病防护用品采购计划,并组织实施	查阅个人职业病防护用品采购发票
	按标准配备符合防治职业病要求的个人防护用品	查防护用品的生产许可证、产品合格证和特种劳动防护用品安全标志以及产品说明书。配备标准参照《个体防护装备选用规范》(GB/T 11651—2008)
	有个人职业病防护用品发放登记记录,并及时更换个人职业病防护用品	现场查阅,有无个人领用和更换签字
	劳动者正确佩戴、使用个人防护用品	现场检查,记录未按要求佩戴劳动者数量
教育培训	用人单位的主要负责人和职业卫生管理人员接受职业卫生培训	核查培训证书(可对主要负责人和管理人员进行考试)
	对上岗前的劳动者进行职业卫生教育培训	检查培训记录,特别是接触危害岗位劳动者的培训
	定期对在岗期间的劳动者进行职业卫生教育培训	检查培训记录,特别是接触危害岗位劳动者的培训(现场抽考 3 名劳动者)
健康监护	按规定组织上岗前的职业健康检查	检查劳动合同和上岗前职业健康监护档案
	按规定组织在岗期间的职业健康检查	检查在岗劳动者档案和职业健康监护档案,重点检查体检项目与体检周期是否满足《职业健康监护技术规范》(GBZ 188—2014)的要求
	按规定组织离岗时的职业健康检查	检查离岗劳动者档案和职业健康监护档案
	禁止有职业禁忌证的劳动者从事其所禁忌的作业;调离并妥善安置有职业健康损害的劳动者	检查有关劳动者调岗记录,抽查 1~3 名有职业健康损害的劳动者,有无调令
	未进行离岗职业健康检查,不得解除或者终止劳动合同	检查离岗劳动者劳动合同,不进行职业健康检查,自愿离岗者应有书面签字
	如实、无偿为劳动者提供职业健康监护档案复印件	查阅劳动合同有关制度,以及现场询问劳动者

项目	主要内容	检 查 方 法
健康监护	对遭受急性职业病危害的劳动者进行健康检查和医学观察	查阅有关制度、报销单据
	禁止安排未成年工从事接触职业病危害的作业	查阅劳动合同,现场抽查劳动者
	不安排孕期、哺乳期的女职工从事对本人和胎儿、婴儿有危害的作业	依据《女职工劳动保护特殊规定》,现场抽查询问 3 名女职工
	对从事接触职业病危害的作业劳动者,给予适当岗位补贴	查阅发放和领取记录
应急管理	建立健全急性职业病危害事故应急救援预案	本项目针对存在急性中毒风险的用人单位,急性职业病危害事故应急救援预案应明确责任人、组织机构、事故发生后的疏通线路、技术方案、救援设施的维护和启动、救护方案等(检查包括特殊应急救援药品的准备、没有救援条件的单位是否与最近有救援条件的医疗单位签订救援协议等)
	定期维护应急救援设施,并保证其完好	现场查看有关记录
	定期演练职业病危害事故应急救援预案	查演练记录
	发生急性职业病危害事故应及时向所在地安监部门等有关部门报告	查阅报告情况

第九章 监 督 方 法

安全生产管理在明确责任、健全制度、规范流程后，关键还要抓好落实，建立监督追责机制，确保生产安全可控。

第一节 事 故 管 理

事故管理主要包括事故调查分工、事故结案程序等工作，主要目的是为了总结经验、吸取教训，落实防范措施，减少事故发生。

一、责任分工

（1）安全监督部门是事故的归口管理部门。

（2）设备事故由设备管理部门负责组织调查，运行事故由发电部门负责组织调查，人身事故由安监部门负责组织调查。火灾事故由归口管理部门负责组织调查。

（3）事故调查组负责原因分析、责任认定、事故定性，提出对责任人的处理建议。

二、人身事故调查

（1）人身死亡事故的调查执行相关规定。

（2）重伤事故由总经理为组长的事故调查组负责调查，安全监督、人力资源、工会、监审等部门人员参加，对于性质恶劣的重伤事故，上级公司要派人参加调查。事故报告由安全监督部门完成。

（3）轻伤事故由生产副职组织调查，性质恶劣的事故成立调查组，安全监督、人力资源、工会、监审等部门派人参加，事故报告由安全监督部门完成。

三、设备事故调查

调查组由事故调查单位的领导组织，安全监督、设备（基建）、发电部门等有关部门人员参加。

四、安全监督部门的事故管理职责

（1）是事故归口管理部门；

（2）负责事故的定性；

（3）负责人身事故的调查，监督设备事故的调查；

（4）收集人身事故、一般及以上设备事故、火灾等有关资料；

（5）参加事故分析会；

（6）监督"四不放过"落实，重点监督事故防范措施的落实；

（7）归口上报事故调查报告；

（8）对责任单位和责任人提出考核建议；

（9）人身事故、一般及以上设备事故、火灾等事故资料归档；

（10）事故的结案。

五、事故结案

（1）事故结案坚持"原因未查清不放过、整改措施不落实不过、责任者未受处理不放过、应接受教育者未受到教育不放过"的原则，实行"按专业、分层次、程序化、责任制"管理。

（2）事故单位是事故结案的主体，对结案负直接责任。

（3）发生以下事故的，在 30 天内，事故单位行政正职和有关领导要到上级主管单位专题汇报，并履行结案程序。

1）重大及以上设备事故；

2）一般及以上设备事故（含内部统计事故）；

3）重伤及以上人身事故；

4）发生恶性误操作事故或人为责任的设备事故。

（4）事故结案的条件。

1）有正式事故结案报告（附事故调查报告）；

2）事故原因清楚；

3）有事故责任者和相关领导、人员的处理意见；

4）采取了防止类似事故重复发生的措施；

5）事故责任者和应受教育者确实受到了教育；

6）地方政府对事故调查报告的批复。

（5）事故结案的程序。

1）具备结案条件的事故，由事故单位向上级单位上报结案请示，并附带完整的结案报告。

2）上级单位主管部门按职责分工负责归口管理。有关岗位提出结案意见，部门主管提出审核意见，公司主管领导批准。

第二节　约　谈　制

对于事故频发、管理混乱、隐患较多或风险较大的单位，要对其主要负责人和相关领导进行约谈。

一、概念

安全生产约谈制是指对未履行或未全面正确履行安全生产职责，或未按时完成安全生产重要工作任务的单位领导进行的问责约谈。其目的是防患于未然。

二、约谈对象

存在以下安全生产情况的，对责任单位安全生产第一责任人或分管安全生产责任人进行约谈：

（1）贯彻安全生产法律法规以及上级安全要求不力的；

（2）安全生产机构、人员配备不满足国家安全生产法律法规和上级有关规定要求的；

（3）发生生产人身死亡事故或较大以上设备事故的；

（4）安全生产长期不稳定、事故频发的，管理混乱、隐患较多的，大唐国际督办的重大隐患和整改问题在规定时限内未解决，现场安全管理不到位、不规范的；

（5）安全风险控制评估、重大危险源评估以及安全生产专项检查反映出不履行安全生产责任，安全生产风险高易诱发事故发生的；

（6）安全生产隐患排查治理工作未形成长效机制，重大隐患未得到消除或有效控制的；

（7）基建单位安全生产管理体系不健全，现场安全文明施工混乱，基建安全专项检查问题突出，安全管理责任制不落实的；

（8）应急管理机制不健全，应急预案存在严重缺陷并未按要求整改的；

（9）同类生产安全事故重复发生的。

三、约谈程序

（1）一般由安全生产委员会提出建议，由公司领导主持。

（2）约谈会议通知。

约谈前，由人力资源部或相关职能部门书面通知被约谈人，告知约谈时间、地点和约谈内容。被约谈人应按时参加约谈。

（3）参加约谈会议人员。

参加约谈会议人员包括公司安全监督部门、生产管理部门（必要时包括工程建设部、综合计划部、人力资源部）相关人员。

（4）约谈会议形式与组织。

约谈以座谈会议的形式进行，由安全生产委员会办公室组织。

（5）约谈会议程序。

1）约谈主持人向被约谈人指出其安全生产工作中存在的主要问题。

2）被约谈人对安全生产工作中履行职责情况，存在的主要问题的原因以及整改措施进行汇报说明。

3）约谈主持人或约谈小组成员就有关情况提出询问，被约谈人如实答复。

4）约谈主持人或约谈小组成员针对具体问题向被约谈人提出整改意见和要求。

（6）约谈会须形成会议纪要。

第三节　督　办　制

对安全生产存在重大隐患或重点工作等情况，通过《安全监督通知书》、文件通知等形式，要求基层单位限期整改。对重大问题实行挂牌督办。

一、概念

针对安全生产中存在的重大隐患，通过督办，及时整改，保证安全生产。

二、原则

督办制坚持"凡事有章可循、凡事有据可查、凡事有人负责、凡事有人监督"，实行"按专业、分层次、程序化、责任制"管理。

三、督办流程

（1）立项。上级部门下达督办通知书或安全监察通知书。

（2）承办。下级单位接到督办通知书或安全生产监督通知书后，应落实整改责任领导、责任部门、责任人、整改方案和完成期限，组织整改。

（3）结案。下级单位整改后，应完成书面的"督办项目完成情况报告单"，经主管领导审核后，向下达督办通知书或安全生产监督通知书的上级部门，履行结案手续。

第四节　结　案　制

按"四不放过"的原则，对事故或重大隐患要按级别、分层次履行结案程序，查清问题原因、总结经验教训、制定防范措施、防止重复发生、实现闭环管理的问题管理制度。

一、概念

对安全生产事故或重大隐患要履行结案程序，建立发现问题、解决问题、责任追究、持续改进的安全生产闭环管理机制。

二、原则

结案制坚持四不放过原则，"按专业、分层次、程序化、责任制"管理。

三、结案条件

1. 事故结案条件

（1）事故原因已查清、整改措施已落实（或已制定整改计划）、责任人员已处理、应受教育者已受到教育。

（2）有正式的事故报告，需经地方批复的应取得批复手续。

2. 重大隐患结案条件

（1）隐患已整改完成。

（2）已制定整改计划，按计划整改并制定了防范措施。

四、结束程序

具备结案条件的，由责任单位向上级单位上报结案请示，并附带完整的结案报告，逐级履行结案程序。

附录 A　安 全 生 产 责 任 书

×××企业（部门或班组）××年度安全生产责任书

为认真落实安全生产责任制，加强目标管理，确保×××企业（部门或班组）××年工作目标的实现，特签订本责任书。

一、安全生产目标

二、奖惩办法

三、附则

1. 本责任书经双方签字后生效，执行期自××年 1 月 1 日至××年 12 月 31 日。

2. 本责任书一式二份，双方各执一份。

×××企业（部门或班组）	××部门（班组或岗位）
总经理（主任或班组长）：	主任（班组长或员工）：
签名	签名
××年××月××日	××年××月××日

附 录 B　员 工 安 全 承 诺 书

_____年员工安全承诺书

部门（车间）_____   审核人：_____

班组		姓名		岗位	
班组（部门）安全目标：					
岗位安全风险：					
安全承诺（"四不伤害"保证措施）：					

附录 C 班组安全台账

一、班组人员信息表

班组名称：						负责人：	
安全员：						从业人数：	
序号	姓 名	性别	职务或岗位	文化程度	上岗证类别	身份证号码	备注

填表人：　　　　　　　　　　　　　填表日期：　　年　月　日

二、安全会议记录

班组：　　　　　　　　　　　　　　　　　　　　日期：　　年　月　日

会议名称：	时间：　时　分至　时　分
主持：	记录：

会议主要内容：

会议签到：本人参加了本次安全会议，知晓本次安全会议精神，本人承诺严格遵守并执行会议精神，如有违反会议精神的，愿承担由此造成法律责任。

三、安全教育、学习记录

班组：　　　　　　　　　　　　　　　　　　　　日期：　年　月　日

时间：　　时　　分至　　时　　分　共计：　　时　　分						
授课人：				记录：		
学习内容：（应保存相应学习资料）						
会议签到：本人参加了本次安全教育学习，掌握本次安全学习内容，本人承诺在作业过程中严格按学习内容要求执行，如有违反，愿承担由此造成法律责任						

四、安全技术交底记录

工程名称：　　　　　　　　　　　　　　　　交底时间：　　年　月　日

交底项目：	交底人：
交底内容 作业特点、危险源： 预防措施： 适用的规范、标准： 注意事项： 事故避难、救援措施：	
接受交底人签字：本人对该项目的工序、存在的危险源、预防措施、适用的规范和标准以及注意事项、发生意外后的处置应对方式已知晓，并承诺严格按要求执行	

五、安全活动记录

班组： 　　　　　　　　　　　　　　　　　　　日期：　年　月　日

日期：　　年　月　日	主持人：
参加人员：	
缺席人员：	
活动内容：	
存在问题：	
解决办法：	

六、安全管理工作检查记录表

被检查项目：	
检查日期：　　年　月　日	检查人员：
检查项目： 	
检查结果： 	
整改措施： 	
责任人：	备注：不能当场整改的开整改通知书

七、员工劳动防护用品登记记录

劳动防护用品发放登记表

序号	姓名	岗位	物品名称及数量	发放日期	备注

填表人：　　　　　　　　　　　　　　　　　　　　　日期：　　年　月　日

附录 D 《事故通报》防范措施落实任务分解表

《××事故通报》防范措施落实任务分解表

事故通报名称：　　　　　　　　　　　　　　　制定日期：　　年　月　日

事故通报要求	本企业需采取措施	主管领导	责任部门	责任人	完成期限

制表人：　　　　　　审核人：　　　　　　批准人：

附录 E 生产安全事件报告单

生产安全事件报告单

报告单位（章）   时间： 年 月 日 时 分

第一次报告 □后续报告   时间： 年 月 日 时

报告方式：电话□/电传□/电子邮件□/其他

事故发生单位		上级主管 单位以及 项目建设单位	
事故简题			
事故起止时间	年 月 日 时 分—— 年 月 日 时 分		
事故发生、扩大和应急救援处理过程的简要情况、初步原因判断： 			
事故后果（伤亡情况、停电影响、设备损坏或可能造成不良社会影响等）的初步估计： 			
填报人姓名	审核人	联系方式	

附录 F　企业安全培训时间要求

电力企业安全培训时间要求见表 F1，高危行业（化工、煤矿、有色）安全培训时间要求见表 F2。

表 F1　　　　　　　电力企业安全培训时间要求　　　　　　单位：学时

项目	初次培训时间	每年再培训	组织部门
主要负责人	32	12	国家安监总局、国家能源局认定的培训机构
安全生产管理人员	32	12	
从业人员	24	无要求	

表 F2　　　　高危行业（化工、煤矿、有色）安全培训时间要求　　　　单位：学时

项目	初次培训时间	每年再培训	组织部门
主要负责人	48	16	政府安监部门
安全生产管理人员	48	16	政府安监部门
从业人员	72	20	企业自主

附录 G 风机维护检修工作票（样票）

风机维护检修工作票

风　　场：＿＿＿＿＿＿＿＿风机编号：＿＿＿＿＿＿＿＿工作票编号：＿＿＿＿＿＿

1. 工作负责人（监护人）：＿＿＿＿＿＿＿班　组：＿＿＿＿＿＿　附页：＿＿张

2. 工作班成员：＿＿＿＿＿＿＿＿＿＿＿＿＿＿＿＿＿＿＿＿＿＿＿＿　共　＿＿人

3. 工作内容：＿＿＿＿＿＿＿＿＿＿＿＿＿＿＿＿＿＿＿＿＿＿＿＿＿＿＿＿＿＿＿

4. 计划工作时间：自＿＿＿年＿月＿日＿＿时＿＿分 至 ＿＿＿年＿月＿日＿时＿分

5. 工作地点：在选项框□处划"√"

□ ① 塔基		□② 中平台	□ ③ 上平台
□ ④ 机舱内	□ ④机舱外	□⑤ 轮毂	□ ⑥ 其他：

6. 安全措施：由运行人员执行的安全措施

序号	安全措施内容	完成情况（√）
1		
2		
3		

7. 需检修自理的安全措施（见附页）

8. 工作票签发人：＿＿＿＿＿＿＿　　　　＿＿＿＿＿年＿＿＿月＿＿日＿＿时＿＿＿分

9. 点检签发人：＿＿＿＿＿＿＿　　　　＿＿＿＿＿年＿＿＿月＿＿日＿＿时＿＿＿分

10. 工作票接收人：＿＿＿＿＿＿＿　　　＿＿＿＿＿年＿＿＿月＿＿日＿＿时＿＿＿分

11. 批准工作结束时间：＿＿＿＿＿年＿＿＿月＿＿日＿＿＿时＿＿分　值班负责人：＿＿＿＿＿

12. 工作许可时间：＿＿＿＿＿年＿＿月＿＿日＿＿＿时＿＿分

工作许可人：＿＿＿＿＿＿＿　　　　　工作负责人：＿＿＿＿＿＿＿

13. 工作负责人变更：原工作负责人＿＿＿＿＿＿＿离去，变更＿＿＿＿＿＿＿为工作负责人

变更时间：＿＿＿＿＿年＿＿＿月＿＿日＿＿＿时＿＿分

工作票签发人：＿＿＿＿＿＿＿　　　　工作许可人：＿＿＿＿＿＿＿

14. 工作票延期，有效期延长到＿＿＿＿年＿＿月＿＿日＿＿时＿＿分

工作负责人：＿＿＿＿＿＿＿　　　　　值班负责人：＿＿＿＿＿＿＿

15. 检修设备需试运（工作票交回工作许可人处，所列安全措施拆除，可以试运）			16. 检修设备试运后，工作票所列安全措施已全部执行，可以重新工作：		
允许试运时间	工作许可人	工作负责人	允许恢复工作时间	工作许可人	工作负责人
月　日　时　分			月　日　时　分		
月　日　时　分			月　日　时　分		
月　日　时　分			月　日　时　分		

17. 工作终结：工作人员已全部撤离，现场已清理完毕。

全部工作于_____年____月____日____时____分结束

接地线共____组，已拆除____组，未拆除____组，未拆除接地线的编号_____

工作负责人：_____ 点检验收人：_____工作许可人：_____

值班负责人：_____

18. 备注：_____

工作票危险点控制措施票（A4）

工作内容：_____

工作负责人：_____　　　　　　　　工作票编号：_____

序号	危险点	控　制　措　施

工作票签发人意见：		工作票签发人：

工作许可人补充的危险点分析：

序号	危　险　点	控　制　措　施

作业成员声明：我已经学习了上述危险点分析与控制措施，没有补充意见，在作业中遵照执行。

工作班成员签名：

　　　　　　　　　　　　　　　　　　　　　　　　　　　　年　月　日

工作票检修自理安全措施票（A4）

工作内容：＿＿＿＿＿＿＿＿＿＿＿＿＿＿＿＿＿＿＿＿＿＿＿＿＿＿＿＿＿＿＿

工作负责人：＿＿＿＿＿＿＿＿＿＿ 工作票编号：＿＿＿＿＿＿＿＿＿

序号	操作开始时间：＿＿年＿月＿日＿时＿分 操作终结时间：＿＿年＿月＿日＿时＿分		操作开始时间：＿＿年＿月＿日＿时＿分 操作终结时间：＿＿年＿月＿日＿时＿分	
	需做安全措施项目	已做安全措施划"√"	恢复安全措施项目	已恢复安全措施划"√"
1				
2				
3				
4				
5				
6				
7				
8				
9				
10				
签字	执行人：＿＿＿＿＿＿＿ 监护人：＿＿＿＿＿＿＿		执行人：＿＿＿＿＿＿＿ 监护人：＿＿＿＿＿＿＿	
备注：				

附录 H　火（水）电厂不开工作票

火电厂不开工作票（使用工作任务联络单）项目（参考）见表 H1，水电厂不需开工作票任务清单（参考）见表 H2。

表 H1　火电厂不开工作票（使用工作任务联络单）项目（参考）

一、汽轮机专业	
序号	工 作 内 容
1	设备及阀门标牌脱落后的整改工作
2	现场需要使用的二氧化碳、氮气瓶的搬运和布置工作
二、锅炉专业	
3	协助运行开关阀门工作
三、电气专业	
4	更换非生产区域照明灯泡
四、综合专业	
5	文明施工及卫生清扫等工作（生产区域除外）
6	管道介质流向标识制作或安装（除制氢站区域、1.5m 高度以上需要搭设脚手架以外）
7	维修门窗把手、合页、弹簧、锁扣、锁芯等（高处作业、氢站、油区除外）
8	更换室内消防箱箱门玻璃（高处作业、氢站、油区除外）
9	踢脚线、外墙砖、地砖、步道砖维修更换（生产区域除外）
10	吸粪车清淤
11	敞开式排水沟、雨水箅子清淤
12	路沿石、厂界围栏修复
13	绿化工作
14	洁具维护维修，如更换面盆下水管、水龙头、小便器疏通等
15	厂前区办公楼、宿舍楼及停车场等后勤维修
五、热控专业	
16	磨煤机停运时该磨煤机一次风量吹扫

续表

序号	工　作　内　容
17	磨石子煤进出口气动门开关不到位（控制回路故障时除外）
18	磨煤机停运时该磨煤机煤火检、油枪停运时该油枪油火检疏通
19	机组运行期间不带保护和自动调节的且不需做措施温度测点检查
20	磨煤机冷热一次风关断门开关不到位的错气工作
21	电动门故障判断
22	锅炉金属壁温及智能前端检查
23	阀门内漏监视系统各类疏水阀后温度及智能前端检查
24	设备挂牌
25	发电机温度及智能前端检查
26	仓泵组阀门到位指示开关、就地箱气源管检查
27	化水系统在线仪表校验
28	暖通控制系统生活楼、办公楼的暖通控制系统检修工作
29	不带保护的就地智能表计参数设置工作

注　不退连锁保护的、不解自动调节的、运行人员不用做措施的、检修不用做措施的（包括自理）；不影响备用设备正常备用的，工作时间不长的（1h之内的工作）。

表 H2　　　　　　　　水电厂不需开工作票任务清单（参考）

序号	任　务　清　单	备注
1	全厂设备点检、巡视	各专业
2	电气二次大负荷期间特殊项目巡视检查	二次
3	对励磁系统工控机定期重启及检查运行状态	二次
4	对调速器系统工控机定期重启及检查运行状态	二次
5	对机组故障录波，500kV 故障录波系统显示屏检查运行状态	二次
6	对信息子站、电源管理单元（PMU）相量测量系统、行波测距显示屏定期检查运行状态	二次
7	大坝安全监测定期观测	水工
8	大坝安全监测观测工作	水工
9	设备物品搬运	机械
10	检修场地布置及转场	机械

续表

序号	任　务　清　单	备注
11	在 209 钳工房工作（含电焊和气割）	机械
12	通航系统过船监护	机械
13	通航系统、大坝弧门启闭机室内油箱取油样	机械
14	大坝弧门泄洪过程中的应急故障处理	机械
15	大坝弧门检修时提、落检修门（已开弧门检修工作票）	机械
16	通航系统提、落检修门	机械
17	单体空调维保	机械
18	电梯设备年度检验	机械
19	起重设备年度检验	机械
20	压力容器年度检验	机械
21	定转子吊具检修维护	机械
22	营地、鱼类增殖站污水处理装置检修维护	机械
23	外围设备月度电量统计（抄表）	一次
24	检修动力配电箱接引临时电源	一次
25	柴油发电机添加柴油	一次
26	出线平台污秽度测试瓷瓶取样及悬挂	一次
27	户外照明定时器时间设置	一次
28	防汛用移动式柴油发电机定期检查	一次
29	防汛应急泵定期检查	一次
30	安全、电动工器具定期校验	一次
31	增殖站供水设备、排污设备维护	各专业
32	营地排污设备维护	各专业
33	营地工业电视设备维护	自动化
34	试验中心设备试验与维护	

附录 I 应急预案目录

应急预案目录（根据实际参照执行）见表 I1。

表 I1 应急预案目录（根据实际参照执行）

	预案名称	火电	水电	风电	光伏	备注
综合应急预案	综合应急预案	▲	▲	▲	▲	
专项应急预案	防台风、防强对流应急预案	▲	▲	▲	▲	沿海电厂
	人身事故应急预案	▲	▲	▲	▲	
	全厂停电事故应急预案	▲	▲			
	发电厂黑启动应急预案（被列为电网黑启动电源点的电厂）	▲				
	水淹厂房应急预案	▲	▲			
	防汛应急预案	▲	▲			
	火灾事故应急预案	▲	▲	▲	▲	
	电力网络信息系统安全事故应急预案	▲	▲	▲	▲	
	液氨泄漏事件应急预案	▲				
	环境污染事故应急预案	▲	▲	▲	▲	
	水坝垮坝事故应急预案		▲			
	储灰场溃坝应急预案	▲				
现场处置方案	化学危险品中毒伤亡事故处置方案	▲	▲			人身事故类
	触电伤亡事故处置方案	▲	▲	▲	▲	
	火灾伤亡事故处置方案	▲	▲	▲	▲	
	电网稳定破坏处置方案	▲				设备事故类
	公用系统故障处置方案	▲	▲			
	厂用电中断事故处置方案	▲	▲			
	汽轮机超速、轴系断裂、油系统火灾处置方案	▲	▲			

续表

	预案名称	火电	水电	风电	光伏	备注
现场处置方案	电力二次系统安全防护处置方案	▲	▲	▲	▲	电力网络与信息系统安全类
	生产调度通信系统故障处置方案	▲	▲	▲	▲	
	锅炉燃油系统火灾事故处置方案	▲				火灾事故类
	燃油罐区火灾事故处置方案	▲				
	制氢站火灾事故处置方案	▲				
	制粉系统火灾事故处置方案	▲				火灾事故类
	输煤皮带火灾事故处置方案	▲				
	电缆火灾事故处置方案	▲				
	集控室火灾事故处置方案	▲				
	化学危险品泄漏事件处置方案	▲				环境污染事故类
	放射性物质泄漏处置方案	▲				
	有毒、有害气体扩散处置方案	▲				

注 ▲为需要制定预案；空格为不需制定预案。

附录 J 高风险作业清单

高风险作业清单（火电）见表 J1，高风险作业清单（风电）见表 J2，高风险作业清单（水电）见表 J3。

表 J1　　　　　　　　　　高风险作业清单（火电）

序号	类型	项　　目	风险因素
1	动火作业	涉氢、氨、油、天然气、煤粉尘等易燃、易爆动火作业，以及与上述介质直接相连的管道、阀门、压力容器等的动火作业	爆炸、着火、毒害
2	一级有限空间作业	在有可能存在物料淹没、掩埋、窒息、中毒、灼烫、淹溺、火灾爆炸等危险的，与运行中的带压系统或高温系统无法物理隔绝（加装盲板或有明确断开点）的有限空间内部作业	爆炸、毒害、缺氧窒息、坍塌、掩埋、淹溺、烫伤、高温高压损伤
3	超高空作业	离基准面高度超过 30m 及以上的高处作业	高空坠落、脚手架坍塌
4	吊装作业	吊装大于等于 40t 的重物，吊装形状复杂或刚度小或精密贵重或有爆炸危险的物品，及在易燃、易爆、高压线路等危险区域的吊装作业	起重伤害
5	其他作业	带压堵漏作业	毒害、烫伤、爆破伤人
		潜水作业	淹溺

表 J2　　　　　　　　　　高风险作业清单（风电）

序号	类型	项　　目	风险因素
1	动火作业	风机塔筒、机舱、轮毂内动火作业	窒息、着火、高空坠落
2	吊装作业	叶片、发电机、齿轮箱等吊装	高空坠落、机械伤害、物体打击
3	超高空作业	离基准面高度超过 30m 及以上的外部作业	高空坠落、物体打击

表 J3　　　　　　　　　　　高风险作业清单（水电）

序号	类型	项　　目	风险因素
1	一级有限空间作业	在引水隧洞、调压井（室）、集水井、化粪池、污水系统污水箱等内部作业	中毒、窒息、高处坠落、火灾、爆炸、淹溺、垮塌
2	吊装作业	吊装水轮发电机组或大于等于 40t 的重物，吊装形状复杂或刚度小或精密贵重或有爆炸危险的物品，及在易燃、易爆、高压线路等危险区域的吊装作业	起重伤害
3	水上、水下作业	拦漂排修复、水下探摸等作业	淹溺
4	高空作业	离基准面高度超过 30m 以上的超高空作业 特殊场所高空作业。例如：水工建筑物闸门上、门机防腐、桥机防腐、架空线路、尾水管锥管检修平台安装和拆除等作业	高空坠落、落物伤人、机械伤害

附录 K 《现场负责人安全技术交底卡》

现场负责人安全技术交底卡

承包方		日期	年　月　日

工作任务（工作内容）：

工作地点		工作期限	

是否存在以下危险因素（发包方技术人员负有向承包方负责人员全面、明确指出作业现场危险因素的责任）：

1. 高处坠落（　）。2. 高空落物（　）。3. 触电（　）。4. 物体打击（　）。5. 机械伤害（　）。6. 起重伤害（　）。7. 车辆伤害（　）。8. 爆炸伤害（　）。9. 灼烫伤（　）。10. 大风（　）。11. 高温（　）。12. 粉尘（　）。13. 中毒（　）。14. 窒息（　）。15. 腐蚀（　）。16. 潮湿（　）17. 溺水（　）18. 火灾（　）19. 照明不足（　）20. 误碰生产设备（　）21. 接错线（　）。22. 走错间隔（　）。23. 电气设备接地短路（　）。24. 施工办法失误带来的伤害或设备异常（　）。25. 身体不适带来的危险（　）。26. 情绪波动带来的危险（　）。27. 技术水平及能力不足带来的危险（　）。28. 污染（　）

危险点控制措施：

是否已全部交底清楚	是（　　）否（　　）

需要说明的问题：

发包部门负责人		发包部门 技术负责人	
承包方现场负责人、技术负责人、 安全负责人签字			

此交底卡一式叁份，一份承包方负责人员保存，一份发包方技术人员保存，一份安监部保存。

附录 L 危险化学品名称及其临界量

危险化学品名称及其临界量见表 L1。

表 L1 危险化学品名称及其临界量

序号	类别	危险化学品名称和说明	临界量（t）
1	爆炸品	叠氮化钡	0.5
2		叠氮化铅	0.5
3		雷酸汞	0.5
4		三硝基苯甲醚	5
5		三硝基甲苯	5
6		硝化甘油	1
7		硝化纤维素	10
8		硝酸铵（含可燃物>0.2%）	5
9	易燃气体	丁二烯	5
10		二甲醚	5
11		甲烷、天然气	50
12		氯乙烯	50
13		氢	5
14		液化石油气（含丙烷、丁烷及其混合物）	50
15		一甲胺	5
16		乙炔	1
17		乙烯	50
18	毒性气体	氨	10
19		二氟化氧	1
20		二氧化氮	1
21		二氧化硫	20
22		氟	1

续表

序号	类别	危险化学品名称和说明	临界量（t）
23	毒性气体	光气	0.3
24		环氧乙烷	10
25		甲醛（含量>90%）	5
26	毒性气体	磷化氢	1
27		硫化氢	5
28		氯化氢	20
29		氯	5
30		煤气（CO、CO 和 H_2、CH_4 的混合物等）	20
31		砷化三氢（胂）	12
32		锑化氢	1
33		硒化氢	1
34		溴甲烷	10
35	易燃液体	苯	50
36		苯乙烯	500
37		丙酮	500
38		丙烯腈	50
39		二硫化碳	50
40		环己烷	500
41		环氧丙烷	10
42		甲苯	500
43		甲醇	500
44		汽油	200
45		乙醇	500
46		乙醚	10
47		乙酸乙酯	500
48		正己烷	500
49	易于自燃的物质	黄磷	50
50		烷基铝	1
51		戊硼烷	1

续表

序号	类别	危险化学品名称和说明	临界量（t）
52	遇水放出易燃气体的物质	电石	100
53		钾	1
54		钠	10
55	氧化性物质	发烟硫酸	100
56		过氧化钾	20
57		过氧化钠	20
58		氯酸钾	100
59		氯酸钠	100
60		硝酸（发红烟的）	20
61		硝酸（发红烟的除外，含硝酸>70%）	100
62		硝酸铵（含可燃物≤0.2%）	300
63		硝酸铵基化肥	1000
64	有机过氧化物	过氧乙酸（含量≥60%）	10
65		过氧化甲乙酮（含量≤60%）	10
66	毒性物质	丙酮合氰化氢	20
67		丙烯醛	20
68		氟化氢	1
69		环氧氯丙烷（3-氯-1,2-环氧丙烷）	20
70		环氧溴丙烷（表溴醇）	20
71		甲苯二异氰酸酯	100
72		氯化硫	1
73		氰化氢	1
74		三氧化硫	75
75		烯丙胺	20
76		溴	20
77		乙撑亚胺	20
78		异氰酸甲酯	0.75